JN123490

毒物劇物試験問題集〔東京都版〕過去問

令和2(2020)年度版

序

　毒物及び劇物取締法は、日常流通している有用な化学物質のうち、毒性の著しいものについて、化学物質そのものの毒性に応じて毒物又は劇物に指定し、製造業、輸入業、販売業について登録にかからしめ、毒物劇物取扱責任者を置いて管理させるとともに、保健衛生上の見地から所要の規制を行っています。

　毒物劇物取扱責任者は、毒物劇物の製造業、輸入業、販売業及び届け出の必要な業務上取扱者において設置が義務づけられており、現場の実務責任者として十分な知識を有し保健衛生上の危害の防止のために必要な管理業務に当たることが期待されています。

　毒物劇物取扱者試験は、毒物劇物取扱責任者の資格要件の一つとして、各都道府県の知事が概ね一年に一度実施するものであります。

　本書は、東京都で実施された平成27年度(2015)～令和元年度(2019)における過去5年間分の試験問題を、試験の種別に編集し、解答・解説を付けたものであります。

　毒物劇物取扱者試験の受験者は、本書をもとに勉学に励み、毒物劇物に関する知識を一層深めて試験に臨み合格されるとともに、毒物劇物に関する危害の防止についてその知識をいかんなく発揮され、ひいては、化学物質の安全の確保と産業の発展に貢献されることを願っています。

　なお、本書における問題の出典先は、東京都。また、解答・解説については、この書籍を発行するに当たった編著により作成しております。

　従いまして、本書における不明な点等がある場合は、弊社へ直接メールでお問い合わせいただきますようお願い申し上げます。〔お電話でのお問い合わせは、ご容赦いただきますようお願い申し上げます。〕

　令和2 (2020)年4月

目　　次

〔 問 題 編 〕

〔 筆 記 〕

平成27年度実施〔筆記〕 ……………1

平成28年度実施〔筆記〕 ……………18

平成29年度実施〔筆記〕 ……………35

平成30年度実施〔筆記〕 ……………52

令和元年度実施〔筆記〕 ……………67

〔 実 地 〕

平成27年度実施〔実地〕 ……………83

平成28年度実施〔実地〕 ……………95

平成29年度実施〔実地〕 …………106

平成30年度実施〔実地〕 …………118

令和元年度実施〔実地〕 …………129

〔解答・解説編〕
……………………………………141
……………………………………145
……………………………………150
……………………………………156
……………………………………161

〔解答・解説編〕
……………………………………165
……………………………………167
……………………………………170
……………………………………173
……………………………………176

問題〔筆記〕編

〔筆　記〕
（一般・農業用品目・特定品目共通）

問 1　次は、毒物及び劇物取締法の条文の一部である。　(1)　～　(5)　にあてはまる字句として、正しいものはどれか。

（目的）

第 1 条

　　この法律は、毒物及び劇物について、　(1)　上の見地から必要な取締を行うことを目的とする。

（定義）

第 2 条第 2 項

　　この法律で「劇物」とは、別表第二に掲げる物であつて、　(2)　及び医薬部外品以外のものをいう。

（禁止規定）

第 3 条第 2 項

　　毒物又は劇物の輸入業の登録を受けた者でなければ、毒物又は劇物を販売又は　(3)　の目的で輸入してはならない。

（禁止規定）

第 3 条の 4

　　引火性、発火性又は　(4)　のある毒物又は劇物であつて政令で定めるものは、業務その他正当な理由による場合を除いては、　(5)　してはならない。

---

(1)　1　労働安全　　2　犯罪防止　　3　危機管理　　4　保健衛生

(2)　1　指定薬物　　2　医薬品　　　3　食品　　　　4　化粧品

(3)　1　貯蔵　　　　2　使用　　　　3　研究　　　　4　授与

(4)　1　易燃性　　　2　爆発性　　　3　腐食性　　　4　発煙性

(5)　1　所持　　　　2　貯蔵　　　　3　使用　　　　4　輸入

問2 次は、毒物及び劇物取締法、同法施行令及び同法施行規則に関する記述である。
(6)～(10)の問に答えなさい。

(6) 毒物劇物取扱責任者に関する記述の正誤について、正しい組合せはどれか。

a 薬剤師は、毒物劇物農業用品目販売業の店
舗における毒物劇物取扱責任者になること
ができる。

b 17歳の者は、毒物劇物特定品目販売業の
店舗における毒物劇物取扱責任者になるこ
とができる。

	a	b	c	d
1	正	正	誤	誤
2	正	誤	誤	正
3	誤	正	正	誤
4	誤	誤	正	正

c 特定品目毒物劇物取扱者試験に合格した者
は、特定品目のみを取り扱う毒物劇物製造業の毒物劇物取扱責任者になるこ
とができる。

d 毒物劇物営業者は、毒物劇物取扱責任者を変更したときは、変更後 30 日以
内に届け出なければならない。

(7) 毒物又は劇物の営業の登録に関する記述の正誤について、正しい組合せはどれか。

a 毒物又は劇物の輸入業の登録は、6年ごと
に更新を受けなければ、その効力を失う。

b 毒物又は劇物の販売業の登録を受けようと
する者は、その店舗の所在地の都道府県知
事を経て、厚生労働大臣に申請書を出さな
ければならない。

	a	b	c	d
1	正	正	誤	誤
2	正	誤	正	誤
3	誤	正	誤	正
4	誤	誤	正	正

c 毒物又は劇物の輸入業の登録は、営業所ご
とに受けなければならない。

d 毒物又は劇物の販売業の登録は、一般販売業、農業用品目販売業及び特定品
目販売業の3つに分けられる。

(8) 法第3条の3において「興奮、幻覚又は麻酔の作用を有する毒物又は劇物(これ
らを含有する物を含む。)であつて政令で定めるものは、みだりに摂取し、若しく
は吸入し、又はこれらの目的で所持してはならない」とされている。

次のa～dのうち、この「政令で定めるもの」に該当するものはどれか。正し
いものの組合せを選びなさい。

a トリクロル酢酸   b トルエン
c 亜塩素酸ナトリウム   d メタノールを含有するシンナー

1 a、b   2 a、c   3 b、d   4 c、d

(9) 毒物又は劇物の表示に関する記述の正誤について、正しい組合せはどれか。

a 毒物劇物営業者は、毒物の容器及び被包に、
「医薬用外」の文字及び黒地に白色をもっ
て「毒物」の文字を表示しなければならない。

b 毒物劇物営業者は、劇物の容器及び被包に、
「医薬用外」の文字及び赤地に白色をもっ
て「劇物」の文字を表示しなければならない。

	a	b	c	d
1	正	正	誤	誤
2	正	誤	正	誤
3	誤	正	誤	正
4	誤	誤	正	正

c 毒物劇物営業者は、毒物たる有機燐化合物
の容器及びその被包に、厚生労働省令で定めるその解毒剤の名称を記載しなけ
れば、その毒物を販売してはならない。

d 特定毒物研究者は、取り扱う特定毒物を貯蔵する場所に、「医薬用外」の文
字及び「毒物」の文字を表示しなければならない。

(10) 次の a 〜 d のうち、法第 22 条に基づく毒物劇物業務上取扱者として、届出が必要なものはどれか。正しいものの組合せを選びなさい。

　　a ジメチル−２,２−ジクロルビニルホスフェイト(別名:DDVP)を使用して、しろありの防除を行う事業
　　b シアン化ナトリウムを使用して、金属熱処理を行う事業
　　c シアン化カリウムを使用して、電気めっきを行う事業
　　d 燐化アルミニウムとその分解促進剤とを含有する製剤を使用して、コンテナ内のねずみ、昆虫等を駆除するための燻蒸作業を行う事業

　　　1 a、b　　　　　　2 a、d　　　　　　3 b、c　　　　　　4 c、d

問 3　次は、毒物又は劇物の取扱い等に関する記述である。毒物及び劇物取締法、同法施行令及び同法施行規則の規定に照らし、(11)〜(15)の問に答えなさい。

(11) 毒物劇物営業者が毒物又は劇物を販売する際の行為に関する記述の正誤について、正しい組合せはどれか。

　　a 譲受人の年齢を身分証明書で確認したところ 16 歳であったので、毒物を交付した。
　　b 劇物を、個人たる毒物劇物営業者に販売した際、その都度、劇物の名称及び数量、販売年月日、譲受人の氏名、職業及び住所を書面に記載した。
　　c 毒物を毒物劇物営業者以外の個人に販売するときに提出された法で定められた事項を記載した書面に、譲受人による押印がなかったが、自署されていたので、毒物を販売した。
　　d 劇物を毒物劇物営業者以外の個人に販売したときに、法で定められた書面の提出を受け、販売の日から３年間保管した後に廃棄した。

	a	b	c	d
1	正	正	誤	誤
2	正	誤	正	正
3	誤	正	誤	誤
4	誤	誤	正	正

(12) アンモニア 28％を含有する製剤を、車両１台を使用して、１回につき 5000 キログラム以上運搬する場合の運搬方法に関する記述の正誤について、正しい組合せはどれか。

　　a 0.3 メートル平方の板に地を黒色、文字を白色として「劇」と表示した標識を車両の前後の見やすい箇所に掲げた。
　　b 運転者による連続運転時間（１回が連続 10 分以上で、かつ、合計が 30 分以上の運転の中断をすることなく連続して運転する時間）が、５時間であるため、交替して運転する者を同乗させなかった。
　　c 車両に、法で定められた保護具を１人分備えた。
　　d 車両に、運搬する劇物の名称、成分及びその含量並びに事故の際に講じなければならない応急の措置の内容を記載した書面を備えた。

	a	b	c	d
1	正	正	誤	誤
2	正	誤	正	正
3	誤	正	正	誤
4	誤	誤	誤	正

(13) 毒物劇物営業者が、その取扱いに係る毒物又は劇物の事故の際に講じる措置に
関する記述の正誤について、正しい組合せはどれか。

a 毒物劇物販売業者の店舗で劇物を紛失したが、
少量であったので、警察署に届け出なかった。

b 毒物劇物製造業者の製造所において劇物が飛散
し、周辺住民多数の者に保健衛生上の危害が生
ずるおそれがあったため、直ちに保健所、警察
署及び消防機関に届け出るとともに、保健衛生
上の危害を防止するために必要な応急の措置を
講じた。

c 毒物劇物輸入業者の営業所内で保管していた毒物が盗難にあったが、保健衛
生上の危害が生ずるおそれがない量であったので、警察署に届け出なかった。

	a	b	c
1	正	正	誤
2	正	誤	正
3	誤	正	誤
4	誤	誤	正

(14) 毒物劇物営業者における毒物又は劇物を取り扱う設備に関する記述の正誤につ
いて、正しい組合せはどれか。

a 毒物の製造業者が、毒物を貯蔵する場所が
性質上かぎをかけることができないため、
その周囲に堅固なさくを設けた。

b 毒物の販売業者が、毒物を貯蔵する設備と
して、毒物とその他の物とを区分して貯蔵
できるものを設けた。

c 毒物の輸入業者が、毒物劇物取扱責任者に
よって、毒物を陳列する場所を常時直接監
視することが可能であるので、その場所にかぎをかける設備を設けなかった。

d 劇物の販売業者が、販売業の店舗において、劇物を含有する粉じん、蒸気又
は廃水の処理に要する設備又は器具を備えなかった。

	a	b	c	d
1	正	正	誤	正
2	正	誤	誤	正
3	誤	正	正	誤
4	誤	誤	正	誤

(15) 荷送人が、運送人に 2000 キログラムの毒物の運搬を委託する場合の、令第 40
条の 6 の規定に基づく荷送人の通知義務に関する記述の正誤について、正しい組
合せはどれか。

a 車両ではなく、鉄道による運搬であったた
め、通知しなかった。

b 運送人の承諾を得て、書面の交付に代えて、
口頭で通知した。

c 車両による運送距離が 50 キロメートル以
下であったので、通知しなかった。

d 通知する書面には、毒物の名称、成分、含
量及び数量並びに事故の際に講じなければ
ならない応急の措置の内容を記載した。

	a	b	c	d
1	正	正	誤	誤
2	正	誤	正	誤
3	誤	誤	正	正
4	誤	誤	誤	正

問 4　次は、毒物劇物営業者又は毒物劇物業務上取扱者である「A」〜「D」の4者に
　　　関する記述である。毒物及び劇物取締法、同法施行令及び同法施行規則の規定に
　　　照らし、(16)〜(20)の問に答えなさい。ただし、「A」、「B」、「C」、「D」は、それ
　　　ぞれ別法人であるものとする。

「A」：毒物劇物輸入業者
水酸化ナトリウムを輸入できる登録のみを受けている事業者である。
「B」：毒物劇物製造業者
48 ％水酸化ナトリウム水溶液を製造できる登録のみを受けている事業者である。
「C」：毒物劇物一般販売業者
毒物及び劇物を販売できる登録のみを受けている事業者である。
「D」：毒物劇物業務上取扱者
研究所において、水酸化ナトリウム及び48 ％水酸化ナトリウム水溶液を研究のために使用している事業者である。ただし、毒物劇物営業者ではない。

(16)　「A」、「B」、「C」、「D」間の販売等に関する記述の正誤について、正しい組合
　　　せはどれか。

　　a　「A」は、自ら輸入した水酸化ナトリウム
　　　　を「B」に販売することができる。
　　b　「A」は、自ら輸入した水酸化ナトリウム
　　　　を「C」に販売することができる。
　　c　「B」は、自ら製造した 48 ％水酸化ナト
　　　　リウム水溶液を「D」に販売することがで
　　　　きる。
　　d　「C」は、48 ％水酸化ナトリウム水溶液を「D」に販売することができる。

	a	b	c	d
1	正	正	誤	正
2	正	正	誤	誤
3	正	誤	正	正
4	誤	誤	正	誤

(17)　「A」は、法人として毒物劇物輸入業の登録を受けた後、次のa〜cの事項を
　　　生じた。「A」が法第 10 条の規定に基づき届け出なければならない事項として、
　　　正しいものの組合せを選びなさい。

　　a　営業所の名称を変更した。
　　b　水酸化ナトリウムの輸入先国を変更した。
　　c　貯蔵設備の重要な部分を変更した。

　　1　a、bのみ
　　2　a、cのみ
　　3　b、cのみ
　　4　a〜cすべて

(18)　「B」は、新たに 25 ％水酸化ナトリウム水溶液を製造し、「C」に販売するこ
　　　ととなった。この場合に必要な手続に関する記述について、正しいものはどれか。

　　1　48 ％水酸化ナトリウム水溶液を製造できる登録を受けているため、新たな
　　　　手続は不要である。
　　2　製造を行う前に、あらかじめ製造品目の登録の変更を受けなければならない。
　　3　製造を行った後、30 日以内に製造品目の変更届を提出しなければならない。
　　4　製造を行った後、その販売を始める前に製造品目の追加の届出をしなけれ
　　　　ばならない。

(19) 「C」は、東京都足立区にある店舗において毒物劇物一般販売業の登録を受けているが、この店舗を廃止し、東京都練馬区に新たに設ける店舗に移転して、引き続き毒物劇物一般販売業を営む予定である。この場合に必要な手続に関する記述の正誤について、正しい組合せはどれか。

a 練馬区内の店舗で業務を始める前に、店舗所在地の変更届を提出しなければならない。
b 練馬区内の店舗で業務を始める前に、新たに練馬区内の店舗で毒物劇物一般販売業の登録を受けなければならない。
c 足立区内の店舗を廃止した後 30 日以内に、廃止届を提出しなければならない。
d 練馬区内の店舗へ移転した後 30 日以内に、登録票の書換え交付を申請しなければならない。

	a	b	c	d
1	正	誤	正	正
2	正	誤	誤	正
3	誤	正	正	誤
4	誤	正	誤	誤

(20) 「D」に関する記述の正誤について、正しい組合せはどれか。

a 飲食物の容器として通常使用される物を、水酸化ナトリウムの保管容器として使用した。
b 水酸化ナトリウムの貯蔵場所には、「医薬用外」の文字及び「劇物」の文字を表示しなければならない。
c 水酸化ナトリウムの盗難防止のために必要な措置を講じなければならない。
d 研究所閉鎖時には、毒物劇物業務上取扱者の廃止届を提出しなければならない。

	a	b	c	d
1	正	正	誤	誤
2	正	誤	正	正
3	誤	正	正	正
4	誤	正	正	誤

問5 次の(21)～(25)の問に答えなさい。

(21) 次のa～dの物質のうち、1価の塩基はどれか。正しいものの組合せを選びなさい。

a KOH   b HCl   c NH_3 d CH_3OH

1 a、c   2 a、d   3 b、c   4 b、d

(22) 0.010mol/L の水酸化ナトリウム水溶液の pH として、正しいものはどれか。
ただし、水酸化ナトリウムは完全に電離しているものとし、水溶液の温度は 25℃とする。また、25℃における水のイオン積 $[H^+][OH^-] = 1.0 \times 10^{-14} (mol/L)^2$ とする。

1 pH 2   2 pH 3   3 pH11   4 pH12

(23) 酸塩基指示薬を pH 1 及び pH13 の無色透明の水溶液に加えた時に各指示薬が呈する色の組合せとして、正しいものはどれか。

	加えた酸塩基指示薬	pH 1のときの色	pH13のときの色
1	フェノールフタレイン(PP)	無色	赤色
2	メチルオレンジ(MO)	黄色	青色
3	ブロモチモールブルー(BTB)	青色	黄色
4	リトマス	青色	赤色

(24) 酸、塩基及び中和に関する記述のうち、正しいものはどれか。

1 中和反応において、酸の陽イオンと塩基の陰イオンとから生成する化合物を塩という。
2 中和反応において、中和点における水溶液は常に中性(pH 7)を示す。
3 ある水溶液の pH が4から2に変化したとき、水素イオン濃度は4倍になる。
4 水溶液が中性(pH 7)を示すとき、溶液中の水素イオンと水酸化物イオンの濃度は一致する。

(25) 10 倍に薄めた食酢 10.0mL を、0.100mol/L の水酸化ナトリウム水溶液で中和滴定したところ、7.50mL を要した。薄める前の食酢1 L 中に含まれる酢酸の量(g)として、正しいものはどれか。

　　　ただし、食酢中に含まれる酸は酢酸のみとし、酢酸の化学式は CH_3COOH とする。また、原子量は、水素＝1、炭素＝12、酸素＝16 とする。

1 4.5g 　　　 2 6.0g 　　　 3 45g 　　　 4 60g

問6 次の(26)〜(30)の問に答えなさい。

(26) 次の①〜③は、接触法により硫酸を製造するときの化学反応式である。この反応式に従った場合、3.2kg の硫黄から製造される硫酸の物質量(mol)として、正しいものはどれか。

　　　ただし、反応は完全に進行するものとし、原子量は、H=1、O = 16、S = 32 とする。

① 　　S 　　　＋ 　　O₂ 　　 → 　SO₂
② 　2 SO₂ 　　＋ 　　O₂ 　　 → 　2 SO₃
③ 　　SO₃ 　　＋ 　　H₂O 　 → 　H₂SO₄

1 1.0×10^2 mol 　　　 2 2.0×10^2 mol 　　　 3 1.0×10^3 mol
4 2.0×10^3 mol

(27) 水 200g に水酸化ナトリウム 50g を溶かした水溶液の質量パーセント濃度として、正しいものはどれか。

1 10 % 　　　 2 20 % 　　　 3 25 % 　　　 4 50 %

(28) ある気体を容器に入れ、8.2atm、127 ℃に保ったとき、気体の密度は 8.0g/L であった。この気体の分子量として、正しいものはどれか。

　　　ただし、この気体は理想気体とする。また、気体定数は、0.082[atm·L/(K·mol)]とし、絶対温度 T(K)とセ氏温度(セルシウス温度)t(℃)の関係は、$T = t + 273$ とする。

1 28 　　　 2 30 　　　 3 32 　　　 4 44

(29) 1.0mol/L の塩酸 400mL と 1.0 mol/L の水酸化ナトリウム水溶液 200mL を混合したとき、発生する熱量(kJ)として、正しいものはどれか。

　　　ただし、塩酸(塩化水素水溶液)と水酸化ナトリウム水溶液が中和して、水が生じるときの熱化学方程式は次のとおりであり、(aq)は水溶液、(ℓ)は液体の状態を示す。

　　　HCl (aq) 　＋ 　NaOH (aq) 　＝ 　NaCL (aq) 　＋ 　H₂O (ℓ) 　＋ 　56.5kJ

1 11.3 kJ 　　　 2 22.6 kJ 　　　 3 33.9 kJ 　　　 4 56.5 kJ

(30) 酸化還元反応に関する次の記述の（　①　）、（　②　）にあてはまる字句として、正しい組合せはどれか。

> 硫酸の存在下で、過マンガン酸カリウム水溶液と過酸化水素水を反応させたときの化学反応式は、次のとおりである。
> $2 KMnO_4 ＋ 5 H_2O_2 ＋ 3 H_2SO_4 → 2 MnSO_4 ＋ 5 O_2 ＋ K_2SO_4 ＋ 8 H_2O$
> この反応において、マンガン原子の酸化数は（　①　）しているので、過酸化水素は（　②　）として働いている。

	①	②
1	減少	還元剤
2	減少	酸化剤
3	増加	還元剤
4	増加	酸化剤

問7　次の(31)～(35)の問に答えなさい。

(31)　元素の周期表に関する記述の正誤について、正しい組合せはどれか。

　　a　リチウムやナトリウムなど、水素を除いた1族元素はアルカリ土類金属と呼ばれる。
　　b　1族元素は、1価の陽イオンになりやすい。
　　c　フッ素や塩素などの17族元素はハロゲンと呼ばれる。
　　d　17族元素は、1価の陰イオンになりやすい。

	a	b	c	d
1	正	正	誤	誤
2	正	誤	誤	正
3	誤	正	正	正
4	誤	誤	正	誤

(32)　同種の原子が2個結合した次の分子のうち、2個の原子どうしが二重結合で結合しているものはどれか。

　　1　I_2　　　　2　H_2　　　　3　N_2　　　　4　O_2

(33)　原子の構成に関する記述の（　①　）～（　③　）にあてはまる字句として、正しい組合せはどれか。

> 原子は、中心にある1個の原子核と、その周囲を運動するいくつかの（　①　）から構成されている。原子核は（　②　）と（　③　）からできている。原子核に含まれる（　③　）の数は元素の種類によって全て異なることから、その数を原子の原子番号という。

	①	②	③
1	電子	陽子	中性子
2	電子	中性子	陽子
3	陽子	電子	中性子
4	陽子	中性子	電子

(34) 物質とその構造に含まれる官能基との組合せとして、正しいものはどれか。

	物質		官能基
1	$CH_3CH_2 - NH_2$	——————————	アミノ基
2	$CH_3CH_2 - CHO$	——————————	ヒドロキシル基
3	$CH_3CH_2 - OH$	——————————	スルホ基
4	$CH_3CH_2 - SO_3H$	——————————	カルボニル基

(35) 銀イオン Ag^+、銅イオン Cu^{2+}、鉛イオン Pb^{2+} を含む混合溶液について、以下の操作を行った。（ ① ）、（ ② ）にあてはまる字句として、正しい組合せはどれか。
ただし、混合溶液中には上記のイオン以外は含まれていないものとする。

　この混合溶液に塩酸（塩化水素水溶液）を加えたところ、白色の沈殿を生じた。これをろ過し、沈殿物とろ液を完全に分けた。このろ液に過剰のアンモニア水を加えたところ、（ ① ）色に変化した。このことから、ろ液には銅イオン Cu^{2+} が含まれていることが分かる。

　また、沈殿物に熱水を加えたところ、一部溶解した。この溶解液にクロム酸カリウム水溶液を加えたところ、（ ② ）色の沈殿物が生じた。このことから、溶解液には鉛イオン Pb^{2+} が含まれていることがわかる。

　さらに、熱水で溶解しなかった沈殿物に過剰のアンモニア水を加えたところ、沈殿物は溶解した。このことから、沈殿物には銀イオン Ag^+ が含まれていることがわかる。

---

	①	②
1	白	黒
2	白	黄
3	深青	黄
4	深青	黒

（一般・特定品目共通）

問8 次は、ホルムアルデヒド液の安全データシートの一部である。(36)～(40)の問に答えなさい。

安全データシート

作 成 日　平成 27 年 7 月 12 日
氏　　名　株式会社　　Ａ　社
住　　所　東京都新宿区西新宿 2-8-1
電話番号　03 － 5321 － 1111

【製品名】　　ホルムアルデヒド液
【物質の特定】

化学名　　　　　：ホルムアルデヒド
別名　　　　　　：ホルマリン
化学式(示性式)　：　　①
CAS 番号　　　　：50-00-0

【取扱い及び保管上の注意】
　　②

【物理的及び化学的性質】
外観等　：　　③　　の液体
臭い　　：　　④
溶解性　：水に溶けやすい

【安定性及び反応性】
　　⑤

【廃棄上の注意】
　　⑥

---

(36) 　①　にあてはまる化学式はどれか。

　1　HCHO　　　2　CH₃CHO　　　3　CH₃OH　　　4　CHCl₃

(37) 　②　にあてはまる「取扱い及び保管上の注意」の正誤について、正しい組合せはどれか。

a　ガラスを激しく腐食するので、ガラス容器を避けて保管する。

b　皮膚に付けたり蒸気を吸入しないように、適切な保護具を着用する。

c　容器は密栓して、換気の良い場所に保管する。

	a	b	c
1	正	正	正
2	正	正	誤
3	誤	正	正
4	誤	誤	正

(38) ③ 、 ④ にあてはまる「物理的及び化学的性質」として、正しい組合せはどれか。

	③	④
1	無色	刺激臭
2	無色	無臭
3	赤褐色	刺激臭
4	赤褐色	無臭

(39) ⑤ にあてはまる「安定性及び反応性」として、正しいものはどれか。

　1　加熱すると分解して、有害な酸化窒素ガスを発生する。
　2　光に対して安定である。
　3　強酸化剤に対して安定である。
　4　空気中の酸素によって、一部酸化されて、ぎ酸を生じる。

(40) ⑥ にあてはまる「廃棄上の注意」として、最も適切なものはどれか。

　1　セメントを用いて固化し、溶出試験を行い、溶出量が判定基準以下であることを確認して埋立処分する。
　2　多量の水を加え希薄な水溶液とした後、次亜塩素酸塩水溶液を加え分解させ廃棄する。
　3　水を加えて希薄な水溶液とし、酸で中和させた後、多量の水で希釈して処理する。
　4　多量の消石灰水溶液に攪拌しながら少量ずつ加えて中和し、沈殿ろ過して埋立処分する。

（一般）

問9　次の(41)～(45)の問に答えなさい。

(41)　臭素に関する記述の正誤について、正しい組合せはどれか。

　a　赤褐色の刺激臭がある液体である。
　b　濃塩酸に触れると高熱を発する。
　c　腐食性がある。

	a	b	c
1	正	正	正
2	正	正	誤
3	正	誤	正
4	誤	正	正

(42)　ピクリン酸に関する記述の正誤について、正しい組合せはどれか。

　a　無色の液体である。
　b　急に熱したり、衝撃を与えると爆発するおそれがある。
　c　金属との接触を避けて保管する。

	a	b	c
1	正	正	誤
2	正	誤	正
3	誤	正	正
4	誤	正	誤

(43)　黄燐（りん）に関する記述の正誤について、正しい組合せはどれか。

a　黄色の液体である。
b　水にほとんど溶けず、二硫化炭素に溶けやすい。
c　空気に触れると発火しやすい。

	a	b	c
1	正	正	誤
2	正	誤	正
3	誤	正	正
4	誤	誤	誤

(44)　発煙硫酸に関する記述の正誤について、正しい組合せはどれか。

a　可燃物、有機物と接触すると発火のおそれがある。
b　水に触れると発熱する。
c　潮解性がある。

	a	b	c
1	正	正	誤
2	正	誤	正
3	誤	正	正
4	誤	誤	誤

(45)　一酸化鉛に関する記述の正誤について、正しい組合せはどれか。

a　無色の結晶である。
b　水に溶けやすい。
c　リサージとも呼ばれる。

	a	b	c
1	正	正	誤
2	正	誤	正
3	誤	正	誤
4	誤	誤	正

問10　次の(46)～(50)の問に答えなさい。

(46)　次の記述の（①）～（③）にあてはまる字句として、正しい組合せはどれか。

> 酢酸エチルは、（　①　）液体で、化学式は（　②　）である。主に（　③　）として用いられる。

	①	②	③
1	芳香を有する	$CH_3COOC_2H_5$	溶剤
2	芳香を有する	$CH_3COC_2H_5$	殺鼠（そ）剤
3	無臭の	$CH_3COOC_2H_5$	殺鼠（そ）剤
4	無臭の	$CH_3COC_2H_5$	溶剤

(47)　次の記述の（①）～（③）にあてはまる字句として、正しい組合せはどれか。

> 塩化亜鉛は、（　①　）の固体で（　②　）がある。毒物及び劇物取締法により（　③　）に指定されている。

	①	②	③
1	白色	風解性	毒物
2	白色	潮解性	劇物
3	緑色	潮解性	毒物
4	緑色	風解性	劇物

(48) 次の記述の（ ① ）〜（ ③ ）にあてはまる字句として、正しい組合せはどれか。

> アセトニトリルは、無色の（ ① ）で、水に（ ② ）である。化学式は（ ③ ）である。

	①	②	③
1	固体	可溶	$CH_2 = CHCHO$
2	固体	不溶	CH_3CN
3	液体	不溶	$CH_2 = CHCHO$
4	液体	可溶	CH_3CN

(49) 次の記述の（ ① ）〜（ ③ ）にあてはまる字句として、正しい組合せはどれか。

> シアン化ナトリウムは、（ ① ）の固体で、水に（ ② ）。
> （ ③ ）と反応すると有毒なシアン化水素を発生する。

	①	②	③
1	白色	溶けやすい	酸
2	白色	溶けにくい	アルカリ
3	橙赤色	溶けにくい	酸
4	橙赤色	溶けやすい	アルカリ

(50) 次の記述の（ ① ）〜（ ③ ）にあてはまる字句として、正しい組合せはどれか。

> エピクロルヒドリンは、（ ① ）液体であり、（ ② ）である。蒸気は空気より（ ③ ）。

	①	②	③
1	無臭の	可燃性	軽い
2	無臭の	不燃性	重い
3	刺激臭のある	可燃性	重い
4	刺激臭のある	不燃性	軽い

（農業用品目）

問8　次は、ジメチル−（N−メチルカルバミルメチル）−ジチオホスフェイト（別名：ジメトエート）に関する記述である。(36)〜(40)の問に答えなさい。

> ジメチル−（N−メチルカルバミルメチル）−ジチオホスフェイト（別名：ジメトエート）は（ ① ）であり、化学式は（ ② ）である。ジメチル−（N−メチルカルバミルメチル）−ジチオホスフェイトを含有する製剤は、毒物及び劇物取締法により（ ③ ）に指定されている。（ ④ ）の農薬として、主に（ ⑤ ）として用いられている。

(36)（ ① ）にあてはまるものはどれか。

　　1　無色透明の液体　　　2　白色の固体　　　3　青色の固体
　　4　淡黄色の液体

(37) （　②　）にあてはまるものはどれか。

1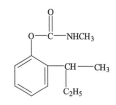

2　　　　　　　　　　　　　　　　CCl₃NO₂

3

4

(38) （　③　）にあてはまるものはどれか。

1　毒物
2　0.5％を超えて含有するものは毒物、0.5％以下を含有するものは劇物
3　劇物
4　0.5％以下をを含有するものを除き、劇物

(39) （　④　）にあてはまるものはどれか。
　　1　カーバメート系　　2　有機燐系　　3　ピレスロイド系　　4　有機塩素系

(40) （　⑤　）にあてはまるものはどれか。
　　1　殺虫剤　　　　2　植物成長調整剤　　　　3　除草剤　　　　4　土壌燻蒸剤

問9　次の(41)～(45)の問に答えなさい。
(41) 次の記述の（　①　）、（　②　）にあてはまる字句として、正しい組合せはどれか。

> 　5－ジメチルアミノ－1，2，3－トリチアン蓚酸塩は（　①　）の殺虫剤で、
> （　②　）とも呼ばれる。

	①	②
1	カーバメート系	チオジカルブ
2	カーバメート系	チオシクラム
3	ネライストキシン系	チオシクラム
4	ネライストキシン系	チオジカルブ

(42) 次の記述の（　①　）、（　②　）にあてはまる字句として、正しい組合せはどれか。

> 　クロルピクリンは、毒物及び劇物取締法により（　①　）に指定されている。最
> も適切な廃棄方法は（　②　）である。

	①	②
1	毒物	分解法
2	毒物	中和法
3	劇物	分解法
4	劇物	中和法

(43) 次の記述の（　①　）、（　②　）にあてはまる字句として、正しい組合せはどれか。

> S－メチル－N－［（メチルカルバモイル)－オキシ］－チオアセトイミデート
> は（　①　）の農薬で、別名はメトミルである。農薬としての用途は、（　②　）である。

	①	②
1	ネオニコチノイド系	除草剤
2	ネオニコチノイド系	殺虫剤
3	カーバメート系	除草剤
4	カーバメート系	殺虫剤

(44) 次の記述の（　①　）、（　②　）にあてはまる字句として、正しい組合せはどれか。

> 2－クロルエチルトリメチルアンモニウムクロリドは、（　①　）とも呼ばれる。
> 農薬としての用途は（　②　）である。

	①	②
1	クロルメコート	殺虫剤
2	クロルメコート	植物成長調整剤
3	クロルフェナピル	植物成長調整剤
4	クロルフェナピル	殺虫剤

(45) 次の記述の（　①　）、（　②　）にあてはまる字句として、正しい組合せはどれか。

> 　ジメチル－4－メチルメルカプト－3－メチルフェニルチオホスフェイト
> （MPP、フェンチオンとも呼ばれる。）は、毒物及び劇物取締法により劇物に指定
> されている。ただし、ジメチル－4－メチルメルカプト－3－メチルフェニルチ
> オホスフェイトとして（　①　）%以下を含有するものは劇物から除かれる。最も
> 適切な廃棄方法は（　②　）である。

	①	②
1	5	中和法
2	5	燃焼法
3	2	中和法
4	2	燃焼法

（特定品目）

問9　次の(41)～(45)の問に答えなさい。

(41) 次の記述の（ ① ）～（ ③ ）にあてはまる字句として、正しい組合せはどれか。

> 水酸化カリウムは、別名（ ① ）とよばれ、水溶液は（ ② ）を呈する。空気中に放置すると（ ③ ）する。

	①	②	③
1	苛性カリ	酸性	昇華
2	苛性カリ	アルカリ性	潮解
3	苛性ソーダ	酸性	潮解
4	苛性ソーダ	アルカリ性	昇華

(42) 次の記述の（ ① ）～（ ③ ）にあてはまる字句として、正しい組合せはどれか。

> 酢酸エチルは、（ ① ）液体で、化学式は（ ② ）である。主に（ ③ ）として用いられる。

	①	②	③
1	芳香を有する	$CH_3COOC_2H_5$	溶剤
2	芳香を有する	$CH_3COC_2H_5$	殺鼠剤
3	無臭の	$CH_3COOC_2H_5$	殺鼠剤
4	無臭の	$CH_3COC_2H_5$	溶剤

(43) 次の記述の（ ① ）～（ ③ ）にあてはまる字句として、正しい組合せはどれか。

> 一酸化鉛は、黄色の固体で、水に（ ① ）。一酸化鉛の化学式は（ ② ）で、別名（ ③ ）とも呼ばれる。

	①	②	③
1	溶けやすい	PbO	青酸カリ
2	溶けやすい	PbO_2	リサージ
3	ほとんど溶けない	PbO_2	青酸カリ
4	ほとんど溶けない	PbO	リサージ

(44) 次の記述の(①)～(③)にあてはまる字句として、正しい組合せはどれか。

塩化水素は、(①)の気体で、(②)。最も適切な廃棄方法は(③)である。

	①	②	③
1	黄緑色	臭いはない	中和法
2	黄緑色	刺激臭がある	沈殿法
3	無色	臭いはない	沈殿法
4	無色	刺激臭がある	中和法

(45) 次の記述の(①)～(③)にあてはまる字句として、正しい組合せはどれか。

四塩化炭素は(①)の液体で、(②)である。加熱分解して有毒な(③)を発生する危険がある。

	①	②	③
1	無色	揮発性	ホスゲン
2	無色	不揮発性	ホスフィン
3	濃褐色	揮発性	ホスフィン
4	濃褐色	不揮発性	ホスゲン

〔筆　記〕
（一般・農業用品目・特定品目共通）

問 1　次は、毒物及び劇物取締法の条文の一部である。　(1)　～　(5)　にあてはまる字句として、正しいものはどれか。

（目的）
第1条
　この法律は、毒物及び劇物について、保健衛生上の見地から必要な　(1)　を行うことを目的とする。

（定義）
第2条第1項
　この法律で「毒物」とは、別表第一に掲げる物であつて、医薬品及び　(2)　以外のものをいう。

（禁止規定）
第3条第3項
　毒物又は劇物の販売業の登録を受けた者でなければ、毒物又は劇物を販売し、授与し、又は販売若しくは授与の目的で貯蔵し、運搬し、若しくは　(3)　してはならない。（以下省略）

（営業の登録）
第4条第4項
　製造業又は輸入業の登録は、　(4)　ごとに、販売業の登録は、　(5)　ごとに、更新を受けなければ、その効力を失う。

(1)　1　指導　　　　2　取締　　　　3　監視　　　　4　規制

(2)　1　化粧品　　　2　食品　　　　3　医薬部外品　4　危険物

(3)　1　陳列　　　　2　交付　　　　3　広告　　　　4　所持

(4)　1　3年　　　　2　4年　　　　3　5年　　　　4　6年

(5)　1　3年　　　　2　4年　　　　3　5年　　　　4　6年

問2 次は、毒物及び劇物取締法、同法施行令及び同法施行規則に関する記述である。(6)～(10)の問に答えなさい。

(6) 毒物劇物営業者における毒物又は劇物を取り扱う設備等に関する記述の正誤について、正しい組合せはどれか。

a 毒物劇物製造業者は、毒物又は劇物をドラムかんに貯蔵する場合、毒物又は劇物が飛散し、漏れ、又はしみ出るおそれのないものとしなければならない。

b 毒物劇物製造業者は、毒物又は劇物の製造作業を行なう場所を、コンクリート、板張り又はこれに準ずる構造とする等その外に毒物又は劇物が飛散し、漏れ、しみ出若しくは流れ出、又は地下にしみ込むおそれのない構造としなければならない。

c 毒物劇物輸入業者は、毒物又は劇物の営業所において、毒物又は劇物を含有する粉じん、蒸気又は廃水の処理に要する設備又は器具を備えなければならない。

d 毒物劇物輸入業者は、毒物又は劇物を貯蔵する場所が性質上かぎをかけることができないものであるときは、その周囲に、堅固なさくを設けなければならない。

	a	b	c	d
1	正	正	誤	正
2	正	誤	正	誤
3	誤	正	正	誤
4	誤	誤	誤	正

(7) 特定毒物の取扱いに関する記述の正誤について、正しい組合せはどれか。

a 特定毒物研究者は、特定毒物を学術研究以外の用途のために製造することができる。

b 特定毒物研究者は、研究で使用する特定毒物の品目に変更が生じた場合、変更後 30 日以内に、その主たる研究所の所在地の都道府県知事を経て厚生労働大臣に、その旨を届け出なければならない。

c 特定毒物使用者は、特定毒物を輸入することはできない。

d 特定毒物使用者は、特定毒物使用者でなくなったときは、15 日以内に都道府県知事に、現に所有する特定毒物の品名及び数量を届け出なければならない。

	a	b	c	d
1	正	正	誤	誤
2	正	誤	正	誤
3	誤	正	誤	正
4	誤	誤	正	正

(8) 法第3条の4において「引火性、発火性又は爆発性のある毒物又は劇物であつて政令で定めるものは、業務その他正当な理由による場合を除いては、所持してはならない。」とされている。

次のa～dのうち、この「政令で定めるもの」に該当するものはどれか。正しいものの組合せを選びなさい。

a 酢酸エチル　　　　　　　　b カリウム
c ピクリン酸　　　　　　　　d 亜塩素酸ナトリウム

1 a、b　　　　2 a、d　　　　3 b、c　　　　4 c、d

- 19 -

(9) 毒物又は劇物の表示に関する記述の正誤について、正しい組合せはどれか。

a 劇物の製造業者は、自ら製造した塩化水素
を含有する製剤たる劇物(住宅用の洗浄剤で
液体状のもの)を授与するときに、その容器
及び被包に、小児の手の届かないところに保
管しなければならない旨を表示しなければな
らない。

b 劇物の輸入業者は、自ら輸入した劇物の容
器及び被包に、「医薬用外」の文字及び赤地
に白色をもって「劇物」の文字を表示しなければならない。

c 法人たる毒物の輸入業者は、自ら輸入した毒物を販売するときに、その容器
及び被包に当該法人の名称及び主たる事務所の所在地を表示しなければなら
ない。

d 劇物の販売業者は、劇物を貯蔵する場所が屋外であるときは、盗難防止の観
点から、貯蔵場所に「医薬用外」及び「劇物」の文字を表示する必要はない。

	a	b	c	d
1	正	正	誤	誤
2	正	誤	正	誤
3	誤	正	正	正
4	誤	誤	誤	正

(10) 次の a～d のうち、法第 22 条に基づく毒物劇物業務上取扱者として、届出が
必要なものはどれか。正しいものの組合せを選びなさい。

a 亜砒酸(ひ)を使用して、しろありの防除を行う事業
b シアン化ナトリウムを使用して、金属熱処理を行う事業
c モノフルオール酢酸ナトリウムを使用して、野ねずみの駆除を行う事業
d トルエンを使用して、シンナーの製造を行う事業

　1 a、b　　　　　2 a、d　　　　　3 b、c　　　　　4 c、d

問 3　次は、毒物又は劇物の取扱い等に関する記述である。毒物及び劇物取締法、同
法施行令及び同法施行規則の規定に照らし、(11)～(15)の問に答えなさい。

(11) 毒物劇物取扱責任者に関する記述の正誤について、正しい組合せはどれか。

a 農業用品目毒物劇物取扱者試験に合格した
者は、農業用品目のみを取り扱う毒物劇物製
造業の製造所において毒物劇物取扱責任者と
なることができる。

b 特定品目毒物劇物取扱者試験に合格した者
は、特定品目のみを取り扱う毒物劇物輸入業
の営業所において毒物劇物取扱責任者となる
ことができる。

	a	b	c	d
1	正	正	正	誤
2	正	誤	誤	誤
3	誤	正	誤	正
4	誤	誤	正	正

c 18 歳未満の者であっても、毒物劇物輸入業の業務に 1 年以上従事した者で
あれば、毒物劇物輸入業の営業所において毒物劇物取扱責任者となることが
できる。

d 毒物劇物営業者が毒物又は劇物の輸入業及び販売業を併せ営む場合におい
て、その営業所と店舗が互いに隣接しているときは、毒物劇物取扱責任者は
2 つの施設を通じて 1 人で足りる。

(12) 次の a～d のうち、法第 10 条の規定に基づき、法人たる毒物劇物販売業者が
届け出なければならない事項はどれか。正しいものの組合せを選びなさい。

a 販売品目の変更
b 店舗の名称の変更
c 法人の住所(主たる事務所の所在地)の変更
d 役員の変更

　1 a、b　　　　　2 a、d　　　　　3 b、c　　　　　4 c、d

(13) 毒物劇物営業者が、その取扱いに係る毒物又は劇物の事故の際に講じる措置に関する記述の正誤について、正しい組合せはどれか。

a 営業所内で保管していた毒物の一部を紛失したので、直ちに警察署に届け出た。
b 運搬中に劇物が盗難にあったが、少量であったので、警察署に届け出なかった。
c 毒物が敷地外に流出し、不特定多数の者に保健衛生上の危害が生ずるおそれがあったので、直ちに、保健所、警察署又は消防機関に届け出るとともに、保健衛生上の危害を防止するために必要な応急の措置を講じた。
d 出荷前の試験検査中に、少量の劇物を机上に飛散させてしまったが、応急の措置を講じ、検査者及びその他の者に保健衛生上の危害が生ずるおそれがなかったので、保健所、警察署及び消防機関に届け出なかった。

	a	b	c	d
1	正	正	誤	誤
2	正	誤	正	正
3	誤	正	正	誤
4	誤	誤	誤	正

(14) 毒物劇物営業者が毒物又は劇物を販売する際の行為に関する記述の正誤について、正しい組合せはどれか。

a 劇物を個人たる毒物劇物営業者に販売した際、その都度、劇物の名称及び数量、販売した年月日、譲受人の氏名、職業及び住所を書面に記載した。
b 譲受人から提出を受けた、法で定められた事項を記載した書面を、販売した日から3年間保存した後に廃棄した。
c 譲受人が麻薬の中毒者であることが判明したため、毒物を交付しなかった。
d 譲受人の年齢を身分証明書で確認したところ、17歳であったので、劇物を交付した。

	a	b	c	d
1	正	正	誤	誤
2	正	誤	正	誤
3	誤	正	正	正
4	誤	誤	誤	正

(15) 塩化水素20%を含有する製剤を、車両1台を使用して、1回につき5000キログラム以上運搬する場合の運搬方法に関する記述の正誤について、正しい組合せはどれか。

a 1人の運転者による運転時間が1日当たり9時間を超えるので、交替して運転する者を同乗させた。
b 車両の前後の見やすい箇所に、0.3メートル平方の板に地を黒色、文字を白色として「毒」と表示した標識を掲げた。
c 車両に、運搬する劇物の名称、成分及びその含量並びに事故の際に講じなければならない応急の措置の内容を記載した書面を備えた。
d 車両に、法で定められた保護具を1人分備えた。

	a	b	c	d
1	正	正	正	誤
2	正	正	誤	誤
3	正	誤	誤	正
4	誤	誤	正	正

問4　次は、毒物劇物営業者又は毒物劇物業務上取扱者である「A」〜「D」の４者に関する記述である。毒物及び劇物取締法、同法施行令及び同法施行規則の規定に照らし、(16)〜(20)の問に答えなさい。ただし、「A」、「B」、「C」、「D」は、それぞれ別人又は別法人であるものとする。

「A」：毒物劇物輸入業者
　　　シアン化カリウムを輸入できる登録のみを受けている事業者である。
「B」：毒物劇物製造業者
　　　シアン化カリウムを製造できる登録のみを受けている事業者である。
「C」：毒物劇物一般販売業者
　　　毒物及び劇物を販売できる登録のみを受けている事業者である。
「D」：毒物劇物業務上取扱者
　　　業務上シアン化カリウムを取り扱い、電気めつきを行う届出のみをしている事業者である。ただし、毒物劇物営業者ではない。

---

(16)　「A」、「B」、「C」、「D」間の販売等に関する記述の正誤について、正しい組合せはどれか。

a　「A」は、自ら輸入したシアン化カリウムを「B」に販売することができる。
b　「B」は、自ら製造したシアン化カリウムを「C」に販売することができる。
c　「B」は、自ら製造したシアン化カリウムを「D」に販売することができる。
d　「C」は、シアン化カリウムを「D」に販売することができる。

	a	b	c	d
1	正	正	正	誤
2	正	正	誤	正
3	正	誤	正	正
4	誤	正	正	正

(17)　「A」は、登録を受けている営業所において、新たに塩酸(塩化水素 37 %を含む水溶液)を輸入することになった。「A」が行わなければならない手続きとして、正しいものはどれか。

1　輸入する前に、輸入品目の登録の変更を受けなければならない。
2　輸入する前に、輸入品目について変更届を提出しなければならない。
3　輸入した後、30 日以内に、輸入品目の追加の届出をしなければならない。
4　輸入した後、その販売を始める前に、輸入品目の登録の変更を受けなければならない。

(18)　「B」は、個人でシアン化カリウムの製造を行う毒物劇物製造業の登録を受けているが、今回「株式会社 X」という法人を設立し、「株式会社 X」としてシアン化カリウムと劇物たる炭酸バリウムの製造を行うこととなった。この場合に必要な手続に関する記述について、正しいものはどれか。

1　「株式会社 X」は、「B」の製造業の登録更新時に、炭酸バリウムについて登録の変更を受けなければならない。
2　「株式会社 X」は、「B」の製造業の登録更新時に、氏名の変更届を提出しなければならない。
3　「B」は、「株式会社 X」の法人設立前に、氏名の変更届を提出しなければならない。
4　「株式会社 X」は、シアン化カリウムと炭酸バリウムを製造する前に、新たに毒物劇物製造業の登録を受け、「B」は営業を廃止した後 30 日以内に、廃止届を提出しなければならない。

(19) 「C」は、東京都中央区にある店舗において毒物劇物一般販売業の登録を受けているが、この店舗を廃止し、東京都武蔵野市に新たに設ける店舗に移転して、引き続き毒物劇物一般販売業を営む予定である。この場合に必要な手続に関する記述の正誤について、正しい組合せはどれか。

a 移転前に、登録票の店舗所在地の書換え交付を申請しなければならない。

b 武蔵野市内の店舗で業務を始める前に、新たに毒物劇物一般販売業の登録を受けなければならない。

c 中央区内の店舗を廃止した後30日以内に、廃止届を提出しなければならない。

d 武蔵野市内の店舗へ移転した後30日以内に、店舗所在地の変更届を提出しなければならない。

	a	b	c	d
1	正	正	誤	正
2	正	正	誤	誤
3	誤	正	正	誤
4	誤	誤	正	誤

(20) 「D」に関する記述の正誤について、正しい組合せはどれか。

a 新たに水酸化ナトリウムを使用する際には、取扱品目の変更届を提出しなければならない。

b シアン化カリウムを使用して電気めっきを行う事業を廃止した時には、毒物劇物業務上取扱者の廃止届を提出しなければならない。

c シアン化カリウムの盗難防止のために必要な措置を講じなければならない。

d シアン化カリウムの貯蔵場所に、「医薬用外毒物」の文字を表示しなければならない。

	a	b	c	d
1	正	正	誤	正
2	正	正	誤	誤
3	誤	正	正	正
4	誤	誤	正	誤

問5 次の(21)〜(25)の問に答えなさい。

(21) 酸、塩基に関する記述の正誤について、正しい組合せはどれか。

a 1価の酸を弱酸といい、2価以上の酸を強酸という。

b アレニウスの定義では、塩基とは、水に溶けて水酸化物イオンを生じる物質である。

c 水溶液が中性を示すとき、溶液中に水酸化物イオンは存在しない。

	a	b	c
1	正	正	誤
2	正	誤	正
3	誤	正	誤
4	誤	誤	正

(22) 0.00050mol/L の硫酸の pH として、正しいものはどれか。
ただし、硫酸は完全に電離しているものとし、水溶液の温度は25℃とする。また、25℃における水のイオン積 $[H^+][OH^-] = 1.0 \times 10^{-14} (mol/L)^2$ とする。

1 pH 2   2 pH 3   3 pH 4   4 pH 5

(23) 濃度不明のアンモニア水溶液を 0.10mol/L の塩酸を用いて中和滴定する。以下の操作のうち、(①)〜(③)にあてはまる字句として、最もふさわしいものの組合せはどれか。

濃度不明のアンモニア水溶液を(①)を用いて(②)に正確に量り取る。(②)に指示薬を1〜2滴加え、(③)から 0.10mol/L の塩酸を少しずつ滴下し、撹拌する。指示薬が変色したら、滴下をやめ、(③)の目盛りを読む。

	①	②	③
1	駒込ピペット	コニカルビーカー	メスシリンダー
2	駒込ピペット	メスフラスコ	ビュレット
3	ホールピペット	メスフラスコ	メスシリンダー
4	ホールピペット	コニカルビーカー	ビュレット

(24) 濃度不明のアンモニア水溶液を 50mL を、0.10mol/L の塩酸を用いて、中和滴定を行った。この実験で用いる指示薬と滴定前後における溶液の色の変化との組合せとして、正しいものはどれか。

    用いる指示薬   滴定前後における溶液の色の変化

  1 メチルオレンジ ———— 黄色から赤色
  2 メチルオレンジ ———— 赤色から青色
  3 フェノールフタレイン ———— 青色から赤色
  4 フェノールフタレイン ———— 無色から赤色

(25) 水酸化ナトリウム 0.80g を完全に溶かした水溶液を、過不足なく中和するのに必要な 0.50mol/L の塩酸の量(mL)として、正しいものはどれか。
    ただし、原子量は、水素＝1、酸素＝16、ナトリウム＝23 とする。

  1 20mL 2 40mL   3 200mL   4 400mL

問6 次の(26)～(30)の問に答えなさい。

(26) 標準状態(温度 0 ℃、圧力 1013hPa)の体積が 44.8L のプロパン C_3H_8 の質量(g)として、正しいものはどれか。
    ただし、原子量は、水素＝1、炭素＝12 とし、標準状態で 1 mol の気体の体積は、22.4L とする。

  1 22g 2 44g   3 88g   4 176g

(27) 容積が 8.3L の容器に、ある気体 0.50mol を入れて 27 ℃に保ったとき、気体の圧力(Pa)として、正しいものはどれか。
    ただし、気体定数は、$R = 8.3 \times 10^3$ [Pa・L/(k・mol)] とし、絶対温度 T(K) とセ氏温度(セルシウス温度)t(℃)の関係は、$T = t + 273$ とする。

  1 1.0×10^4Pa
  2 1.5×10^4Pa
  3 1.0×10^5Pa
  4 1.5×10^5Pa

(28) 次の①～③の熱化学方程式を用いて、エチレン C_2H_4 の生成熱を計算したとき、正しいものはどれか。
    ただし、(気)は気体、(液)は液体、(固)は固体の状態を示す。

  ① C(固) ＋ O_2(気) ＝ CO_2(気) ＋ 394 kJ
  ② 2 H_2(気) ＋ O_2(気) ＝ 2 H_2O(液) ＋ 572 kJ
  ③ C_2H_4(気) ＋ 3 O_2(気) ＝ 2 CO_2(気) ＋ 2 H_2O(液) ＋ 1411 kJ

  1 －51 kJ   2 －102 kJ 3 51 kJ   4 102 kJ

(29) グルコース $C_6H_{12}O_6$ 36.0g を水に溶かして 500mL とした水溶液のモル濃度(mol/L)として、正しいものはどれか。

ただし、原子量は、水素＝1、炭素＝12、酸素＝16 とする。

1 0.02mol/L 　　　　 2 0.04mol/L 　　　　 3 0.2mol/L 　　　　 4 0.4mol/L

(30) 白金電極を用いて硫酸銅(Ⅱ)水溶液を 10.0A の電流で 16 分 5 秒間電気分解したとき、析出する銅の質量(g)として、正しいものはどれか。

ただし、原子量は、Cu＝63.5 とし、ファラデー定数は、9.65×10^4C/mol とする。

1 0.794g 　　　　 2 1.588g 　　　　 3 3.175g 　　　　 4 6.350g

問7 次の(31)～(35)の問に答えなさい。

(31) 元素の周期表に関する記述の正誤について、正しい組合せはどれか。

a 水素を除いた1族元素はアルカリ金属と呼ばれる。
b 2族元素は、全てアルカリ土類金属と呼ばれる。
c 18族元素の原子は、他の原子に比べて極めて安定である。
d 3～11族元素は、典型元素と呼ばれる。

	a	b	c	d
1	正	正	誤	誤
2	正	誤	正	誤
3	誤	正	誤	正
4	誤	誤	正	正

(32) 次の元素とその炎色反応の色との組合せの正誤について、正しい組合せはどれか。

	元素		炎色反応の色
a	リチウム	―――――	赤
b	カリウム	―――――	赤紫
c	バリウム	―――――	黄緑
d	カルシウム	―――――	青

	a	b	c	d
1	正	正	正	誤
2	正	正	誤	正
3	正	誤	正	正
4	誤	正	正	正

(33) 炭素、水素、酸素からなる有機化合物の試料 24.0mg を完全燃焼したところ、二酸化炭素 35.2mg、水 14.4mg を生じた。この有機化合物の組成式として、正しいものはどれか。

ただし、原子量は、水素＝1、炭素＝12、酸素＝16 とする。

1 CH_2O 　　　　 2 CH_3O 　　　　 3 C_2H_6O 　　　　 4 C_3H_5O

(34)　アニリン、安息香酸、トルエンを含むジエチルエーテル溶液について、以下の
　　図に示す分離操作を行った。（　①　）～（　③　）にあてはまる化合物名として、
　　正しい組合せはどれか。
　　　ただし、溶液中には上記化合物以外の物質は含まれていないものとする。

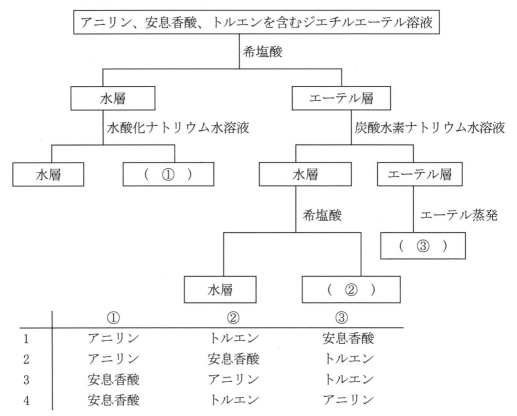

	①	②	③
1	アニリン	トルエン	安息香酸
2	アニリン	安息香酸	トルエン
3	安息香酸	アニリン	トルエン
4	安息香酸	トルエン	アニリン

(35)　カドミウムイオン Cd^{2+}、鉄（Ⅲ）イオン Fe^{3+}、鉛イオン Pb^{2+} を含む混合溶液につい
　　て以下の操作を行った。（　①　）、（　②　）にあてはまる字句として、正しい組
　　合せはどれか。
　　　ただし、混合溶液中には上記のイオン以外は含まれていないものとする。

　　この混合溶液に塩酸（塩化水素水溶液）を十分に加えたところ、白色の沈殿を生じ
た。この沈殿物の化学式は、（　①　）である。これをろ過し、沈殿物とろ液を完全
に分けた。
　　さらに、このろ液に硫化水素を通じたところ、黄色の沈殿物を生じた。この沈殿
物の化学式は、（　②　）である。

---

	①	②
1	$FeCl_3$	PbS
2	$FeCl_3$	CdS
3	$PbCl_2$	FeS
4	$PbCl_2$	CdS

（一般・特定品目共通）

問 8 あなたの営業所でトルエンを取り扱うこととなり、安全データシートを作成することになりました。以下は、作成中のトルエンの安全データシートの一部である。(36)～(40)の問に答えなさい。

安全データシート

作 成 日　平成 28 年 7 月 10 日
氏　　　名　株式会社　　A　社
住　　　所　東京都新宿区西新宿 2-8-1
電話番号　03 － 5321 － 1111

【製品名】　　　　トルエン
【物質の特定】

　　　化学名　　　　　：トルエン
　　　別名　　　　　　：メチルベンゼン
　　　化学式(示性式)　：　　　①
　　　CAS 番号　　　　：108-88-3

【取扱い及び保管上の注意】
　　　　　②

【物理的及び化学的性質】
　　　外観等　：　　　③　　　の液体
　　　臭い　　：特異臭
　　　溶解性　：水に　　④

【安定性及び反応性】
　　　　　⑤

【廃棄上の注意】
　　　　　⑥

---

(36)　　①　　にあてはまる化学式はどれか。

　　1　$C_2H_5COCH_3$　　2　$C_6H_5CH_3$　　3　C_6H_5OH　　4　CH_3OH

(37)　　②　　にあてはまる「取扱い及び保管上の注意」の正誤について、正しい組合せはどれか。

　a　引火しやすいので火気に近づけない。
　b　皮膚に付けたり、蒸気を吸入しないように適切な
　　　保護具を着用する。
　c　酸化剤と接触させない。

	a	b	c
1	正	正	正
2	正	正	誤
3	正	誤	正
4	誤	正	正

(38) ③ 、 ④ にあてはまる「物理的及び化学的性質」として、正しい組合せはどれか。

	③	④
1	赤褐色	ほとんど溶けない
2	赤褐色	よく溶ける
3	無色	ほとんど溶けない
4	無色	よく溶ける

(39) ⑤ にあてはまる「安定性及び反応性」として、正しいものはどれか。

1 加熱分解により、ホスゲンガスを発生することがある。
2 加熱分解により、硫黄酸化物ガスを発生することがある。
3 加熱分解により、一酸化炭素ガスを発生することがある。
4 加熱分解により、酸化窒素ガスを発生することがある。

(40) ⑥ にあてはまる「廃棄上の注意」として、最も適切なものはどれか。

1 ナトリウム塩とした後、活性汚泥で処理する。
2 硅そう土等に吸収させて開放型の焼却炉で少量ずつ焼却する。
3 徐々に石灰乳などの攪拌溶液に加え中和させた後、多量の水で希釈して処理する。
4 水に懸濁し硫化ナトリウム水溶液を加えて沈殿を生成させたのち、セメントを加えて固化し、溶出試験を行い、溶出量が判定基準以下であることを確認して埋立処分する。

（一般）

問9 次の(41)～(45)の問に答えなさい。

(41) 燐化亜鉛に関する記述の正誤について、正しい組合せはどれか。

a 白色の固体である。
b 酸と反応してホスフィンを生成する。
c 殺鼠剤として用いられる。

	a	b	c
1	正	正	誤
2	正	誤	正
3	誤	正	正
4	誤	正	誤

(42) クロルスルホン酸に関する記述の正誤について、正しい組合せはどれか。

a 無色又は淡黄色の液体である。
b 刺激臭がある。
c 毒物に指定されている。

	a	b	c
1	正	正	誤
2	正	誤	誤
3	誤	正	誤
4	誤	誤	正

(43) ベンゾニトリルに関する記述の正誤について、正しい組合せはどれか。

a 赤褐色の液体である。
b アーモンド臭を有する。
c 劇物に指定されている。

	a	b	c
1	正	正	誤
2	正	誤	正
3	誤	正	正
4	誤	誤	誤

(44) 硫酸に関する記述の正誤について、正しい組合せはどれか。

a 無色の油状の液体である。
b 水と接触すると発熱する。
c 10 %以下を含有するものは劇物から除かれている。

	a	b	c
1	正	正	正
2	正	正	誤
3	正	誤	正
4	誤	正	正

(45) 塩素に関する記述の正誤について、正しい組合せはどれか。

a 黄緑色の気体である。
b 無臭である。
c 漂白剤(さらし粉)の原料となる。

	a	b	c
1	正	正	誤
2	正	誤	正
3	誤	正	誤
4	誤	誤	正

問10 次の(46)～(50)の問に答えなさい。

(46) 次の記述の (①)～(③)にあてはまる字句として、正しい組合せはどれか。

> ヒドロキシルアミンの化学式は(①)であり、(②)作用を呈する。毒物及び劇物取締法により(③)に指定されている。

	①	②	③
1	NH_2OH	酸化	毒物
2	NH_2OH	還元	劇物
3	$C_6H_5NH_2$	酸化	劇物
4	$C_6H_5NH_2$	還元	毒物

(47)　次の記述の（①）～（③）にあてはまる字句として、正しい組合せはどれか。

> トリフルオロメタンスルホン酸は、無色の（　①　）であり、（　②　）。水、アルコールに（　③　）である。

	①	②	③
1	固体	臭いはない	可溶
2	固体	刺激臭がある	不溶
3	液体	刺激臭がある	可溶
4	液体	臭いはない	不溶

(48)　次の記述の（①）～（③）にあてはまる字句として、正しい組合せはどれか。

> トルイジンの化学式は（①）で、（②）種の異性体がある。（③）として用いられる。

	①	②	③
1	$CH_3C_6H_4NH_2$	3	染料の製造原料
2	$CH_3C_6H_4NH_2$	6	特殊材料ガス
3	$CH_3C_6H_3(NH_2)_2$	3	特殊材料ガス
4	$CH_3C_6H_3(NH_2)_2$	6	染料の製造原料

(49)　次の記述の（①）～（③）にあてはまる字句として、正しい組合せはどれか。

> 二硫化炭素は、（①）液体であり、比重は水より（②）。化学式は（③）である。

	①	②	③
1	引火性のある	大きい	CS_2
2	引火性のある	小さい	$(CH_3)_2SO_4$
3	不燃性の	大きい	$(CH_3)_2SO_4$
4	不燃性の	小さい	CS_2

(50)　次の記述の（①）～（③）にあてはまる字句として、正しい組合せはどれか。

> ベタナフトールは、（①）の固体であり、（②）。アルコール、エーテルに（③）である。

	①	②	③
1	青色	フェノール臭を有する	不溶
2	青色	臭いはない	可溶
3	白色	臭いはない	不溶
4	白色	フェノール臭を有する	可溶

（農業用品目）

問8　次は、2，2’－ジピリジリウム－1，1’－エチレンジブロミド(ジクワットとも
　　呼ばれる。)に関する記述である。(36)～(40)の問に答えなさい。

> 　2，2’－ジピリジリウム－1，1’－エチレンジブロミド(ジクワットとも呼ばれ
> る。)の化学式は(　①　)であり、2，2’－ジピリジリウム－1，1’－エチレンジブ
> ロミドのみを有効成分として含有する製剤は、毒物及び劇物取締法により(　②　)
> に指定されている。農薬としての用途は(　③　)であり、最も適切な廃棄方法は
> (　④　)である。なお、(　⑤　)との混合製剤が販売されている。

(36)　(　①　)にあてはまるものはどれか。

1

CH_3O, CH_3O – P(=S) – S – CH_2 – C(=O)NHCH_3

2

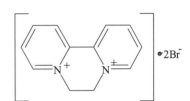 ・2Br⁻

3

$[CH_3–N^+ ... N^+–CH_3]$ ・2Cl⁻

4

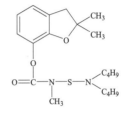

(37)　(　②　)にあてはまるものはどれか。

1　毒物
2　0.5％を超えて含有するものは毒物、0.5％以下を含有するものは劇物
3　劇物
4　0.5％以下を含有するものを除き、劇物

(38)　(　③　)にあてはまるものはどれか。

1　殺菌剤　　　2　殺虫剤　　　3　除草剤　　　4　植物成長調整剤

(39)　(　④　)にあてはまるものはどれか。

1　酸化法　　　　2　還元法　　　　3　中和法　　　　4　燃焼法

(40)　(　⑤　)にあてはまるものはどれか。

1　2－チオ－3，5－ジメチルテトラヒドロ－1，3，5－チアジアジン(ダゾ
　　メットとも呼ばれる。)
2　S－メチル－N－［(メチルカルバモイル)－オキシ］－チオアセトイミデート
　　(別名：メトミル)
3　2－クロルエチルトリメチルアンモニウムクロリド(クロルメコートとも呼ばれる。)
4　1．1’－ジメチル－4，4’－ジピリジニウムジクロリド(パラコートとも呼ばれる。)

問9 次の(41)〜(45)の問に答えなさい。

(41) 次の記述の（①）、（②）にあてはまる字句として、正しい組合せはどれか。

> 1－（6－クロロ－3－ピリジルメチル）－N－ニトロイミダゾリジン－2－イリデンアミンは（①）の殺虫剤で、別名は（②）である。

	①	②
1	有機燐系	イミダクロプリド
2	有機燐系	クロルピリホス
3	ネオニコチノイド系	イミダクロプリド
4	ネオニコチノイド系	クロルピリホス

(42) 次の記述の（①）、（②）にあてはまる字句として、正しい組合せはどれか。

> 4－クロロ－3－エチル－1－メチル－N－［4－（パラトリルオキシ）ベンジル］ピラゾール－5－カルボキサミド（トルフェンピラドとも呼ばれる。）を含有する製剤は、毒物及び劇物取締法により（①）に指定されている。農薬としての用途は（②）である。

	①	②
1	毒物	除草剤
2	毒物	殺虫剤
3	劇物	除草剤
4	劇物	殺虫剤

(43) 次の記述の（①）、（②）にあてはまる字句として、正しい組合せはどれか。

> 2,3－ジヒドロ－2,2－ジメチル－7－ベンゾ［b］フラニル－N－ジブチルアミノチオ－N－メチルカルバマート（別名：カルボスルファン）は、（①）の殺虫剤である。毒物及び劇物取締法により（②）に指定されている。

	①	②
1	カーバメート系	毒物
2	カーバメート系	劇物
3	ネライストキシン系	毒物
4	ネライストキシン系	劇物

(44) 次の記述の（①）、（②）にあてはまる字句として、正しい組合せはどれか。

> ジメチルジチオホスホリルフェニル酢酸エチル（PAP、フェントエートとも呼ばれる。）は、毒物及び劇物取締法により劇物に指定されている。ただし、ジメチルジチオホスホリルフェニル酢酸エチルとして（①）%以下を含有するものは劇物から除かれる。最も適切な廃棄方法は（②）である。

	①	②
1	3	中和法
2	3	燃焼法
3	10	中和法
4	10	燃焼法

(45) 次の記述の（①）、（②）にあてはまる字句として、正しい組合せはどれか。

N－メチル－1－ナフチルカルバメートは、カーバメート系の殺虫剤で、カルバリル又は（①）とも呼ばれる。中毒時の解毒剤には（②）の製剤が用いられる。

	①	②
1	NAC	硫酸アトロピン
2	NAC	ジメルカプロール（BAL とも呼ばれる。）
3	DMTP	硫酸アトロピン
4	DMTP	ジメルカプロール（BAL とも呼ばれる。）

（特定品目）

問9　次の(41)～(45)の問に答えなさい。

(41) 次の記述の（①）～（③）にあてはまる字句として、正しい組合せはどれか。

塩素は、刺激臭のある（①）の気体であり、空気より（②）。強い（③）作用がある。

	①	②	③
1	黄緑色	軽い	還元
2	黄緑色	重い	酸化
3	無色	軽い	酸化
4	無色	重い	還元

(42)　次の記述の（①）～（③）にあてはまる字句として、正しい組合せはどれか。

重クロム酸カリウムの化学式は（①）であり、（②）の結晶である。最も適切な廃棄方法は（③）である。

	①	②	③
1	K_2CrO_4	白色	還元沈殿法
2	K_2CrO_4	橙赤色	活性汚泥法
3	$K_2Cr_2O_7$	白色	活性汚泥法
4	$K_2Cr_2O_7$	橙赤色	還元沈殿法

(43) 次の記述の（①）～（③）にあてはまる字句として、正しい組合せはどれか。

キシレンは、（①）液体であり、水に（②）。（③）とも呼ばれる。

	①	②	③
1	不燃性の	溶けやすい	キシロール
2	不燃性の	ほとんど溶けない	トルオール
3	引火性のある	溶けやすい	トルオール
4	引火性のある	ほとんど溶けない	キシロール

(44) 次の記述の（①）～（③）にあてはまる字句として、正しい組合せはどれか。

過酸化水素水は、（①）の液体である。還元剤と接触すると分解して（②）が生じる。過酸化水素を 10 ％含有する過酸化水素水は、毒物及び劇物取締法により（③）に指定されている。

	①	②	③
1	無色	酸素	劇物
2	無色	窒素	毒物
3	褐色	窒素	劇物
4	褐色	酸素	毒物

(45) 次の記述の（①）～（③）にあてはまる字句として、正しい組合せはどれか。

硝酸は、刺激臭のある（①）であり、（②）である。硝酸を（③）％を超えて含有する製剤は、毒物及び劇物取締法により劇物に指定されている。

	①	②	③
1	固体	腐食性物質	5
2	固体	可燃性物質	10
3	液体	可燃性物質	5
4	液体	腐食性物質	10

東京都
平成29年度実施

〔筆　記〕
（一般・農業用品目・特定品目共通）

問1　次は、毒物及び劇物取締法の条文の一部である。　(1)　～　(5)　にあてはまる字句として、正しいものはどれか。

（目的）
第1条
　この法律は、毒物及び劇物について、　(1)　上の見地から必要な取締を行うことを目的とする。

（定義）
第2条第2項
　この法律で「劇物」とは、別表第二に掲げる物であつて、医薬品及び　(2)　以外のものをいう。

（禁止規定）
第3条第1項
　毒物又は劇物の　(3)　業の登録を受けた者でなければ、毒物又は劇物を販売又は授与の目的で　(3)　してはならない。

（禁止規定）
第3条4
　引火性、　(4)　又は　(5)　のある毒物又は劇物であつて政令で定めるものは、業務その他正当な理由による場合を除いては、所持してはならない。

---

(1)　1　危害防止　　2　保健衛生　　3　労働安全　　4　環境衛生

(2)　1　危険物　　　2　農薬　　　　3　医薬部外品　4　化粧品

(3)　1　製造　　　　2　貸与　　　　3　卸売販売　　4　製造販売

(4)　1　依存性　　　2　発火性　　　3　刺激性　　　4　揮発性

(5)　1　発がん性　　2　腐食性　　　3　催奇形性　　4　爆発性

問2　次は、毒物及び劇物取締法、同法施行令及び同法施行規則に関する記述である。
(6)～(10)の問に答えなさい。

(6)　毒物劇物取扱責任者に関する記述の正誤について、正しい組合せはどれか。

a　毒物劇物営業者は、毒物劇物取扱責任者を変更
したときは、変更後 30 日以内に届け出なければ
ならない。

b　18 歳未満の者は、都道府県知事が行う毒物劇物
取扱者試験に合格した者であっても、毒物劇物取
扱責任者になることができない。

c　一般毒物劇物取扱者試験に合格した者は、毒物劇物の製造業の製造所、輸入
業の営業所及び販売業の店舗のいずれにおいても、毒物劇物取扱責任者にな
ることができる。

	a	b	c
1	正	正	正
2	正	正	誤
3	正	誤	正
4	誤	正	正

(7)　毒物又は劇物の営業の登録に関する記述の正誤について、正しい組合せはどれか。

a　製造業、輸入業及び販売業の登録は、厚生
労働大臣が行う。

b　製造業及び輸入業の登録は、5 年ごとに、
販売業の登録は、6 年ごとに、更新を受けな
ければ、この効力を失う。

c　毒物劇物一般販売業の登録を受けた者であ
っても、特定毒物を販売することはできない。

d　輸入業の登録は、営業所ごとに受けなければならない。

	a	b	c	d
1	正	誤	正	正
2	誤	正	正	誤
3	誤	正	誤	正
4	誤	誤	誤	正

(8)　法第 3 条の 3 において「興奮、幻覚又は麻酔の作用を有する毒物又は劇物（こ
れらを含有する物を含む。）であつて政令で定めるものは、みだりに摂取し、若し
くは吸入し、又はこれらの目的で所持してはならない。」とされている。
　次の a ～ d のうち、この「政令で定めるもの」に該当するものはどれか。正し
いものの組合せを選びなさい。

　　　a　トルエン　　　　　　　　　b　クロロホルム
　　　c　メタノールを含有するシンナー　　d　ベンゼン

　1　a、c　　　　　　2　a、d　　　　　3　b、c　　　　　4　b、d

(9)　毒物劇物営業者が、その取扱いに係る毒物又は劇物の事故の際に講じた措置に
関する記述の正誤について、正しい組合せはどれか。

a　劇物を紛失したが、少量であったため、その旨を
警察署に届け出なかった。

b　製造所内から毒物が盗難されたため、直ちに、そ
の旨を警察署に届け出た。

c　保管していた容器から劇物が流れ出てしまい、多
数の近隣住民に保健衛生上の危害が生ずるおそれが

	a	b	c
1	正	正	正
2	正	正	誤
3	正	誤	正
4	誤	正	正

あったため、直ちに、その旨を保健所、警察署及び消防機関に届け出るとと
もに、保健衛生上の危害を防止するために必要な応急の措置を講じた。

(10)　次の **a ～ d** のうち、法第 22 条に基づく毒物劇物業務上取扱者として、届出が必要なものはどれか。正しいものの組合せを選びなさい。

　　　a　シアン化ナトリウムを使用して、電気めっきを行う事業
　　　b　シアン化カリウムを使用して、金属熱処理を行う事業
　　　c　四アルキル鉛を含有する製剤を使用して、石油の精製を行う事業
　　　d　燐化アルミニウムとその分解促進剤とを含有する製剤を使用して、コンテナ内のねずみ、昆虫等を駆除するための燻蒸作業を行う事業

　　　1　a、b　　　　　　2　a、d　　　　　3　b、c　　　　　　　4　c、d

問 3　次は、毒物又は劇物の取扱い等に関する記述である。毒物及び劇物取締法、同法施行令及び同法施行規則の規定に照らし、(11)～(15)の問に答えなさい。

(11)　毒物劇物営業者が毒物又は劇物を販売する際の行為に関する記述の正誤について、正しい組合せはどれか。

　　　a　毒物劇物営業者以外の個人に販売する際、法で定められた事項を記載した書面に、譲受人による押印がなかったが、署名されていたので、毒物を販売した。
　　　b　販売した日から 3 年が経過したため、譲受人から提出を受けた、法で定められた事項を記載した書面を廃棄した。
　　　c　譲受人の年齢を身分証明書で確認したところ、16 歳であったため、毒物を交付した。
　　　d　譲受人が、覚せい剤中毒者であることが判明したため、劇物を交付しなかった。

	a	b	c	d
1	正	正	誤	誤
2	正	誤	正	正
3	誤	正	正	正
4	誤	誤	誤	正

(12)　毒物劇物営業者における毒物又は劇物を取り扱う設備に関する記述の正誤について、正しい組合せはどれか。

　　　a　劇物の製造所において、劇物を貯蔵する場所が性質上かぎをかけることができないものであったため、その周囲に、堅固なさくを設けた。
　　　b　毒物を陳列する場所を常時毒物劇物取扱責任者が直接監視することが可能であるため、その場所にかぎをかける設備を設けなかった。
　　　c　販売業の店舗へ毒物を運搬する際、飛散し、漏れ、又はしみ出るおそれのない容器を使用した。
　　　d　製造所において、製造作業を行う場所を、板張りの構造とし、その外に毒物又は劇物が飛散し、漏れ、しみ出若しくは流れ出、又は地下にしみ込むおそれのない構造とした。

	a	b	c	d
1	正	正	正	誤
2	正	正	誤	正
3	正	誤	正	正
4	誤	誤	誤	正

(13) 毒物又は劇物の表示に関する記述の正誤について、正しい組合せはどれか。

a 毒物の輸入業者が、自ら輸入した毒物を販売する際、その毒物を従来から販売している相手であったため、その容器及び被包に、毒物の名称を表示しなかった。

b 毒物の製造業者が、犯罪目的の使用を防止するために、自ら製造した毒物の容器及び被包に、「毒物」の文字を表示しなかった。

	a	b	c	d
1	正	正	誤	誤
2	正	誤	誤	正
3	誤	正	誤	正
4	誤	誤	正	正

c 劇物の輸入業者が、自ら輸入した有機燐化合物を含有する劇物を販売するときに、その容器及び被包に、厚生労働省令で定めるその解毒剤の名称を表示した。

d 劇物の製造業者が、自ら製造した劇物たるジメチル－２，２－ジクロルビニルホスフェイト（別名：DDVP）を含有する衣料用の防虫剤を販売する際に、容器及び被包に、居間等人が常時居住する室内では使用してはならない旨を表示した。

(14) 四アルキル鉛を含有する製剤を、車両１台を使用して、１回につき 5000 キログラム以上運搬する場合の運搬方法に関する記述の正誤について、正しい組合せはどれか。

a 0.3 メートル平方の板に地を黒色、文字を白色として「毒」と表示した標識を車両の前後の見やすい箇所に掲げた。

b 運搬する車両に、法で定められた保護具を１人分備えた。

	a	b	c	d
1	正	正	正	誤
2	正	誤	誤	正
3	正	誤	誤	誤
4	誤	誤	正	正

c 運転者による連続運転時間（１回が連続 10 分以上で、かつ、合計が 30 分以上の運転の中断をすることなく連続して運転する時間）が５時間であるため、交替して運転する者を同乗させなかった。

d 車両に、運搬する毒物の名称、成分及びその含量並びに事故の際に講じなければならない応急の措置の内容を記載した書面を備えた。

(15) 荷送人が、運送人に 1500 キログラムの劇物の運搬を委託する場合の、令第 40 条の６の規定に基づく荷送人の通知義務に関する記述のうち、正しいものはどれか。

1 当該劇物の名称、成分及びその含量並びに数量並びに事故の際に講じなければならない応急の措置の内容を書面の交付に代えて、口頭で伝えた。

2 車両による運搬距離が 100 キロメートル以内であったため、通知しなかった。

3 車両ではなく鉄道による運搬であったため、通知しなかった。

4 運送人の承諾を得たため、書面の交付に代えて、磁気ディスクの交付により通知を行った。

問4　次は、毒物劇物営業者、特定毒物研究者又は毒物劇物業務上取扱者である「A」〜「D」の４者に関する記述である。毒物及び劇物取締法、同法施行令及び同法施行規則の規定に照らし、(16)〜(20)の問に答えなさい。ただし、「A」、「B」、「C」、「D」は、それぞれ別人又は別法人であるものとする。

「A」：毒物劇物輸入業者
　　酢酸エチル及び原体である硝酸を輸入できる登録のみを受けている事業者である。ただし、毒物劇物販売業の登録は受けていない。
「B」：毒物劇物一般販売業者
　　毒物及び劇物を販売できる登録のみを受けている事業者である。
「C」：特定毒物研究者
　　モノフルオール酢酸ナトリウムを用いた研究を行うために特定毒物研究者の許可のみを受けている研究者である。ただし、毒物劇物営業者ではない。
「D」：毒物劇物業務上取扱者
　　研究所において、酢酸エチルのみを使用している事業者である。ただし、毒物劇物営業者ではない。

---

(16)　「A」、「B」、「C」、「D」間の販売に関する記述の正誤について、正しい組合せはどれか。

a　「A」は、「B」から購入した特定毒物であるモノフルオール酢酸ナトリウムを「C」に販売することができる。

b　「A」は、自ら輸入した原体である硝酸を「B」に販売することができる。

c　「A」は、自ら輸入した酢酸エチルを「D」に販売することができる。

d　「B」は、特定毒物であるモノフルオール酢酸ナトリウムを「C」に販売することができる。

	a	b	c	d
1	正	正	誤	誤
2	正	誤	正	正
3	誤	正	正	誤
4	誤	正	誤	正

(17)　「A」は、登録を受けている営業所において、更に硝酸 30 ％を含有する製剤を輸入し、「B」に販売することになった。そのために必要な手続として正しいものを選びなさい。

1　硝酸 30%を含有する製剤の輸入を行う前に、輸入品目について変更届を提出しなければならない。

2　原体である硝酸の輸入の登録を受けているため、法的手続は要しない。

3　硝酸 30%を含有する製剤の輸入を行う前に、輸入品目の登録の変更を受けなければならない。

4　硝酸 30%を含有する製剤の輸入を行った後、30 日以内に輸入品目の登録の変更を受けなければならない。

(18) 「B」は、東京都中央区内にある店舗において毒物劇物一般販売業の登録を受けている。この店舗を廃止し、東京都港区内に新たに設ける店舗に移転して、引き続き毒物劇物一般販売業を営む予定である。この場合に「B」が行わなければならない手続の正誤について、正しい組合せはどれか。

a 港区内の店舗で業務を始める前に、新たに毒物劇物一般販売業の登録を受けなければならない。

b 移転後、30 日以内に、登録票の店舗所在地の書換え交付を申請しなければならない。

c 移転後、30 日以内に、店舗所在地の変更届を提出しなければならない。

d 中央区内の店舗を廃止後、30 日以内に、廃止届を提出しなければならない。

	a	b	c	d
1	正	正	正	誤
2	正	誤	誤	正
3	誤	正	誤	正
4	誤	誤	正	正

(19) 「C」に関する記述の正誤について、正しい組合せはどれか。

a 特定毒物研究者の許可の更新を5年ごとに受けなければならない。

b 研究で使用する特定毒物の品目に変更が生じた場合、変更後 30 日以内に届け出なければならない。

c 特定毒物の研究を廃止した場合、廃止後 30 日以内に当該研究を廃止した旨を届け出なければならない。

	a	b	c
1	正	正	正
2	正	誤	誤
3	誤	正	正
4	誤	誤	正

(20) 「D」に関する記述の正誤について、正しい組合せはどれか。

a 酢酸エチルの貯蔵場所には、「医薬用外」の文字及び「劇物」の文字を表示しなければならない。

b 新たにクロロホルムを使用する際には、取扱品目の変更届を提出しなければならない。

c 研究所内で、酢酸エチルを使用するために自ら小分けする容器には、「医薬用外」の文字及び白地に赤地をもって「劇物」の文字を表示しなければならない。

d 研究所閉鎖時には、毒物劇物業務上取扱者の廃止届を提出しなければならない。

	a	b	c	d
1	正	正	誤	誤
2	正	誤	正	正
3	正	誤	正	誤
4	誤	誤	誤	正

問5 次の(21)～(25)の問に答えなさい。

(21) 酸、塩基及び中和に関する記述のうち、正しいものはどれか。

1 水に酸を溶かすと、水素イオン濃度 $[H^+]$ が減少し、水酸化物イオン濃度 $[OH^-]$ が増加する。

2 ブレンステッド・ローリーの定義による塩基とは、相手から水素イオン H^+ を受け取る分子又はイオンである。

3 中和点における水溶液は常に中性を示す。

4 1価の塩基を弱塩基といい、2価以上の塩基を強塩基という。

(22) 0.010mol/L のアンモニア水溶液の pH として、正しいものはどれか。
　　　ただし、アンモニアの電離度は 0.010、水溶液の温度は 25 ℃とする。また、25
　　℃における水のイオン積 $[H^+][OH^-] = 1.0 \times 10^{-14} (mol/L)^2$ とする。

　　1　pH 3　　　　　2　pH 4　　　　　3　pH10　　　　　4　pH11

(23) 塩化アンモニウム、酢酸ナトリウム、水酸化カルシウム、硫酸それぞれの 1.0
　　mol/L 水溶液について、pH の小さいものから並べた順番として、正しいものはどれか。
　　1　硫酸　　＜　酢酸ナトリウム　＜　塩化アンモニウム　＜　水酸化カルシウム
　　2　硫酸　　＜　塩化アンモニウム　＜　酢酸ナトリウム　＜　水酸化カルシウム
　　3　水酸化カルシウム　＜　塩化アンモニウム　＜　酢酸ナトリウム　＜　硫酸
　　4　水酸化カルシウム　＜　酢酸ナトリウム　＜　塩化アンモニウム　＜　硫酸

(24) 濃度不明の酢酸水溶液を 10mL を、0.10mol/L の水酸化ナトリウム水溶液を用
　　いて、中和滴定を行った。この実験で用いる指示薬と滴定前後における溶液の色
　　の変化との組合せとして、正しいものはどれか。
　　　　　　　用いる指示薬　　　　　　　　　滴定前後における溶液の色の変化
　　1　メチルオレンジ　――――――――　黄色から赤色
　　2　メチルオレンジ　――――――――　赤色から無色
　　3　フェノールフタレイン　――――　無色から赤色
　　4　フェノールフタレイン　――――　赤色から黄色

(25) 濃度不明の水酸化ナトリウム水溶液 150mL を過不足なく中和するのに、
　　0.30mol/L 硫酸 100mL を要した。この水酸化ナトリウム水溶液のモル濃度として、
　　正しいものはどれか。

　　1　0.020mol/L　　　　2　0.040mol/L　　　　3　0.20mol/L　　　　4　0.40mol/L

問 6　次の(26)～(30)の問に答えなさい。

(26) 次は、アンモニアを生成するときの化学反応式である。この反応式に従った場合、
　　14kg の窒素から製造されるアンモニアの物質量(mol)として、正しいものはどれか。
　　　　ただし、反応は完全に進行するものとし、原子量は、水素＝1、窒素＝14 とする。

　　　　　　　N_2　+　$3 H_2$　⟶　$2 NH_3$

　　1　1.0×10^2mol　　2　5.0×10^2mol　　3　1.0×10^3mol　　4　5.0×10^3mol

(27) 次は、硫酸酸性下の過マンガン酸カリウムと過酸化水素の化学反応式である。
　　（　①　）～（　③　）にあてはまる係数として、正しい組合せはどれか。

　　$2 KMnO_4$　+　（　①　）H_2O_2　+　$3 H_2SO_4$
　　　⟶　（　②　）$MnSO_4$　+　K_2SO_4　+　（　③　）O_2　+　$8 H_2O$

	①	②	③
1	4	3	2
2	4	2	3
3	5	2	5
4	5	3	3

(28) エタン C_2H_6 1.50g を完全燃焼させたとき、生成する二酸化炭素の標準状態における体積(L)として、正しいものはどれか。

ただし、エタンの燃焼式は、 $2\ C_2H_6 + 7\ O_2 \rightarrow 4\ CO_2 + 6\ H_2O$ であり、原子量は、水素＝1、炭素＝12 とし、標準状態で1 mol の気体の体積は 22.4L とする。

 1 1.12L   2 2.24L   3 3.36L   4 4.48L

(29) 次の2つの熱化学方程式(温度 25 ℃、圧力 1.013×10^5Pa)を用いて、同じ条件の下で、水素と酸素から液体の水1 mol の生成熱を計算したとき、正しいものはどれか。

ただし、(気)は気体、(液)は液体の状態を示す。

$$H_2\,(気) + \frac{1}{2}\,O_2\,(気) = H_2O\,(気) + 242kJ$$

$$H_2O\,(気) = H_2O\,(液) + 44kJ$$

 1 198kJ   2 286kJ   3 396kJ   4 572kJ

(30) 金属のイオン化傾向に関する記述のうち、正しいものはどれか。

 1 金属の単体が水溶液中で陰イオンになろうとする性質を、金属のイオン化傾向という。
 2 イオン化傾向の大きい金属は、電子を受け取りやすい。
 3 イオン化傾向の小さい金属は、酸化されやすい。
 4 比較的イオン化傾向の大きい鉄 Fe や亜鉛 Zn は、高温の水蒸気と反応して水素を発生する。

問7　次の(31)～(35)の問に答えなさい。

(31) 元素の周期表に関する記述の正誤について、正しい組合せはどれか。

a　3～11 族の元素は、典型元素と呼ばれる。
b　1 族元素は、1価の陰イオンになりやすい。
c　フッ素や塩素などの 17 族元素は、ハロゲンと呼ばれる。
d　希ガスと呼ばれる 18 族の元素の原子が有する価電子の数は1である。

	a	b	c	d
1	正	正	正	誤
2	正	誤	正	正
3	誤	正	誤	正
4	誤	誤	正	誤

(32) 物質とその構造に含まれる官能基との組合せとして、正しいものはどれか。

	物質		官能基
1	ベンゼンスルホン酸	———	$-SO_3H$
2	酢酸	———	$-CHO$
3	アセトン	———	$-NO_2$
4	ジエチルエーテル	———	$-OH$

(33) 次の記述の(①)～(③)にあてはまる字句として、正しい組合せはどれか。

> 液体の蒸気圧が外圧と等しくなるときの温度を(①)という。
> 純物質の(①)は、一定の外圧のもとでは、(②)の値をとり、外圧が低くなると、(①)は(③)なる。

	①	②	③
1	沸点	物質固定	低く
2	沸点	物質にかかわらず一定	高く
3	融点	物質にかかわらず一定	低く
4	融点	物質固定	高く

(34) フェノール、ニトロベンゼン及びアニリンを含むジエチルエーテル溶液について、以下の分離操作を行った。（　①　）及び（　②　）にあてはまる化合物名として、正しい組合せはどれか。

ただし、混合溶液中には上記の化合物以外の物質は含まれていないものとする。

> 分液漏斗にこのジエチルエーテル溶液を入れ、塩酸を加えてふり混ぜ、静置すると、水層には（　①　）の塩が分けとられる。水層を除き、残ったジエチルエーテル層に、アルカリ性になるまで水酸化ナトリウム水溶液を加えてふり混ぜ、静置すると、ジエチルエーテル層には（　②　）が分けとられる。

	①	②
1	アニリン	フェノール
2	アニリン	ニトロベンゼン
3	フェノール	アニリン
4	フェノール	ニトロベンゼン

(35) ３－アミノ－１－プロペンの化学式として、正しいものはどれか。

1
$H_2C = CH - CH_2 - NH_2$

2
$HC \equiv C - CH_2 - NH_2$

3
$H_3C - CH_2 - CH_2 - NH_2$

4
$H_3C - CH - NH_2$
          |
         CH_3

（一般・特定品目共通）

問 8 あなたの営業所で四塩化炭素を取り扱うこととなり、安全データシートを作成することになりました。以下は、作成中の四塩化炭素の安全データシートの一部である。(36)～(40)の間に答えなさい。

```
                          安全データシート

                        作 成 日  平成 29 年 7 月 2 日
                        氏   名  株式会社   Ａ 社
                        住   所  東京都新宿区西新宿 2-8-1
                        電話番号  03 － 5321 － 1111

    【製品名】    四塩化炭素
    【物質の特定】
        化学名      ：四塩化炭素
        別名        ：テトラクロロメタン
        化学式(示性式)  ：  ┌─────┐
                          │   ①   │
                          └─────┘
        CAS 番号    ：56-23-5
    【取扱い及び保管上の注意】
        ┌─────┐
        │   ②   │
        └─────┘
    【物理的及び化学的性質】
        外観等 ：無色の  ┌─────┐
                        │   ③   │
                        └─────┘
        臭い   ：特異臭
        溶解性 ：水に ┌─────┐
                     │   ④   │
                     └─────┘
    【安定性及び反応性】
        ┌─────┐
        │   ⑤   │
        └─────┘
    【廃棄上の注意】
        ┌─────┐
        │   ⑥   │
        └─────┘
```

(36) ① にあてはまる化学式はどれか。

　　 1　CHCl$_3$　　　 2　CCl$_4$　　　 3　CH$_3$Cl　　　 4　HCHO

(37) ② にあてはまる「取扱い及び保管上の注意」の正誤について、正しい組合せはどれか。

　a　酸化剤と接触させない。
　b　可燃性のため、火気に注意して保管する。
　c　容器を密閉して換気の良い冷暗所に保管する。

	a	b	c
1	正	正	正
2	正	正	誤
3	正	誤	正
4	誤	正	誤

(38) ③ 、 ④ にあてはまる「物理的及び化学的性質」として、正しい組合せはどれか。

	③	④
1	固体	ほとんど溶けない
2	固体	よく溶ける
3	液体	ほとんど溶けない
4	液体	よく溶ける

(39) ⑤ にあてはまる「安定性及び反応性」として、正しいものはどれか。

1 アルミニウム、マグネシウム、亜鉛等の金属と反応し、火災や爆発の危険をもたらす。
2 加熱分解により、ギ酸及び一酸化炭素ガスを発生する。
3 加熱分解により、硫黄酸化物ガスを発生する。
4 加熱分解により、窒素酸化物ガスを発生する。

(40) ⑥ にあてはまる「廃棄上の注意」として、最も適切なものはどれか。

1 セメントを用いて固化し、埋立処分する。
2 多量の消石灰水溶液に攪拌しながら少量ずつ加えて中和し、沈殿ろ過して埋立処分する。
3 多量の水酸化ナトリウム水溶液に攪拌しながら少量ずつ加えて可溶性とした後、希硫酸を加えて中和する。
4 過剰の可燃性溶剤又は重油等の燃料と共にアフターバーナー及びスクラバーを備えた焼却炉の火室へ噴霧してできるだけ高温で焼却する。

（一般）

問9 次の(41)～(45)の問に答えなさい。

(41) アリルアルコールに関する記述の正誤について、正しい組合せはどれか。

a 引火性がある。
b 樹脂の原料として用いられる。
c 劇物に指定されている。

	a	b	c
1	正	正	正
2	正	正	誤
3	正	誤	誤
4	誤	正	正

(42) ヘキサン-1,6-ジアミンに関する記述の正誤について、正しい組合せはどれか。

a 黄橙色の粉末である。
b アンモニア臭を有する。
c 劇物に指定されている。

	a	b	c
1	正	正	誤
2	正	誤	正
3	誤	正	正
4	誤	正	誤

(43) 発煙硫酸に関する記述の正誤について、正しい組合せはどれか。

a 可燃物、有機物と接触すると発火のおそれがある。
b 水に触れると発熱する。
c 潮解性がある。

	a	b	c
1	正	正	誤
2	正	誤	正
3	誤	正	正
4	誤	誤	誤

(44) 沃素に関する記述の正誤について、正しい組合せはどれか。

a 黒灰色又は黒紫色の金属様の光沢をもつ結晶である。
b 無臭である。
c 昇華性がある。

	a	b	c
1	正	正	正
2	正	誤	正
3	誤	正	誤
4	誤	誤	正

(45) ジメチル硫酸に関する記述の正誤について、正しい組合せはどれか。

a 無色の油状の液体である。
b 皮膚の壊死を起こすことがある。
c メチル化剤として用いられる。

	a	b	c
1	正	正	正
2	正	誤	誤
3	誤	正	正
4	誤	誤	正

問 10 次の(46)〜(50)の問に答えなさい。

(46) 次の記述の（①）〜（③）にあてはまる字句として、正しい組合せはどれか。

> トリクロル酢酸は、（　①　）の結晶であり、（　②　）がある。水溶液は（　③　）である。

	①	②	③
1	暗赤色	潮解性	塩基性
2	暗赤色	風解性	酸性
3	無色	風解性	塩基性
4	無色	潮解性	酸性

(47) 次の記述の（①）〜（③）にあてはまる字句として、正しい組合せはどれか。

> 沃化第二水銀は、（　①　）の固体であり、水に（　②　）。毒物及び劇物取締法により（　③　）に指定されている。

	①	②	③
1	紅色	よく溶ける	劇物
2	紅色	ほとんど溶けない	毒物
3	白色	よく溶ける	毒物
4	白色	ほとんど溶けない	劇物

(48) 次の記述の（①）〜（③）にあてはまる字句として、正しい組合せはどれか。

> トリブチルアミンは、無色から黄色の吸湿性のある（①）であり、（②）。毒物及び劇物取締法により（③）に指定されている。

	①	②	③
1	液体	特異臭がある	毒物
2	液体	臭いはない	劇物
3	固体	特異臭がある	劇物
4	固体	臭いはない	毒物

(49) 次の記述の(①)～(③)にあてはまる字句として、正しい組合せはどれか。

> クレゾールの化学式は(①)であり、(②)種の異性体がある。最も適切な廃棄方法は(③)である。

	①	②	③
1	$CH_3(C_6H_4)OH$	6	沈殿法
2	$CH_3(C_6H_4)OH$	3	燃焼法
3	$CH_3COOC_2H_5$	6	燃焼法
4	$CH_3COOC_2H_5$	3	沈殿法

(50) 次の記述の(①)～(③)にあてはまる字句として、正しい組合せはどれか。

> 塩化チオニルの化学式は、(①)であり、比重は水より(②)。毒物及び劇物取締法により(③)に指定されている。

	①	②	③
1	$POCl_3$	小さい	劇物
2	$POCl_3$	大きい	毒物
3	$SOCl_2$	小さい	毒物
4	$SOCl_2$	大きい	劇物

（農業用品目）

問8　次は、1,3－ジカルバモイルチオ－2－(N,N －ジメチルアミノ)－プロパン塩酸塩に関する記述である。(36)～(40)の問に答えなさい。

> 1,3－ジカルバモイルチオ－2－(N,N －ジメチルアミノ)－プロパン塩酸塩は、(①)であり、化学式は(②)である。1,3－ジカルバモイルチオ－2－(N,N －ジメチルアミノ)－プロパン塩酸塩を含有する製剤は、毒物及び劇物取締法により(③)に指定されている。本品は、(④)の農薬として、主に(⑤)として用いられる。

(36) (①)にあてはまるものはどれか。

1　褐色の液体　　　　　　2　無色又は微黄色の液体
3　無色又は白色の固体　　4　暗赤色の固体

(37)（ ② ）にあてはまるものはどれか。

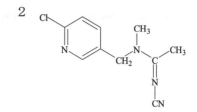

1

CH_3 N CH CH_2SCONH_2 ・HCl
CH_3 CH_2SCONH_2

2

3

CH_3O P O CH_3 SCH_3
CH_3O (S)

4

$[CH_3-N^+(ピリジン)-(ピリジン)-N^+-CH_3]$ ・2Cl⁻

(38)（ ③ ）にあてはまるものはどれか。

1　毒物
2　2％を超えて含有するものは毒物、2％以下を含有するものは劇物
3　劇物
4　2％以下を含有するものを除き、劇物

(39)（ ④ ）にあてはまるものはどれか。

1　ネライストキシン系　　　　2　有機燐系
3　有機塩素系　　　　　　　　4　ピレスロイド系

(40)（ ⑤ ）にあてはまるものはどれか。

1　土壌燻蒸剤　　　　2　植物成長調整剤　　　3　除草剤　　　4　殺虫剤

問9　次の(41)〜(45)の問に答えなさい。

(41) 次の記述の（ ① ）及び（ ② ）にあてはまる字句として、正しい組合せはどれか。

> 　3−ジメチルジチオホスホリル−S−メチル−5−メトキシ−1,3,4−チア
> ジアゾリン−2−オンは、有機燐系の殺虫剤で、（　①　）とも呼ばれる。毒物及び
> 劇物取締法により（ ② ）に指定されている。

	①	②
1	DMTP	毒物
2	DMTP	劇物
3	NAC	毒物
4	NAC	劇物

(42) 次の記述の(①)及び(②)にあてはまる字句として、正しい組合せはどれか。

> (RS)-シアノ-(3-フェノキシフェニル)メチル=2,2,3,3-テトラメチルシクロプロパンカルボキシラートは、(①)とも呼ばれる。農薬としての用途は(②)である。

	①	②
1	カルボスルファン	殺虫剤
2	カルボスルファン	植物成長調整剤
3	フェンプロパトリン	植物成長調整剤
4	フェンプロパトリン	殺虫剤

(43) 次の記述の(①)及び(②)にあてはまる字句として、正しい組合せはどれか。

> ジエチル-(5-フェニル-3-イソキサゾリル)-チオホスフェイト(別名：イソキサチオン)は、(①)の殺虫剤である。毒物及び劇物取締法により劇物に指定されている。ただし、ジエチル-(5-フェニル-3-イソキサゾリル)-チオホスフェイトとして(②)%以下を含有するものは劇物から除かれる。

	①	②
1	有機燐系	2
2	有機燐系	5
3	カーバメート系	2
4	カーバメート系	5

(44) 次の記述の(①)及び(②)にあてはまる字句として、正しい組合せはどれか。

> 2-ジフェニルアセチル-1,3-インダンジオンは、毒物及び劇物取締法により毒物に指定されている。ただし、2-ジフェニルアセチル-1,3-インダンジオンとして(①)%以下を含有するものは劇物に指定されている。農薬としての用途は(②)である。

	①	②
1	1.5	殺鼠剤
2	1.5	除草剤
3	0.005	殺鼠剤
4	0.005	除草剤

(45) 次の記述の（①）及び（②）にあてはまる字句として、正しい組合せはどれか。

> ジメチルー（N－メチルカルバミルメチル）－ジチオホスフェイトは、有機燐系の殺虫剤で、別名は（　①　）である。毒物及び劇物取締法により（　②　）に指定されている。

	①	②
1	ジクワット	毒物
2	ジクワット	劇物
3	ジメトエート	毒物
4	ジメトエート	劇物

（特定品目）

問9　次の(41)〜(45)の問に答えなさい。

(41) 次の記述の（①）〜（③）にあてはまる字句として、正しい組合せはどれか。

> クロム酸カリウムの化学式は、（　①　）である。（　②　）の結晶で、強力な（　③　）作用を示す。

	①	②	③
1	$K_2Cr_2O_7$	黄色	還元
2	$K_2Cr_2O_7$	白色	酸化
3	K_2CrO_4	白色	還元
4	K_2CrO_4	黄色	酸化

(42)　次の記述の（①）〜（③）にあてはまる字句として、正しい組合せはどれか。

> 硅弗化ナトリウムの化学式は（　①　）であり、（　②　）の結晶である。最も適切な廃棄方法は（　③　）である。

	①	②	③
1	H_2SiF_6	白色	活性汚泥法
2	Na_2SiF_6	白色	分解沈殿法
3	H_2SiF_6	青色	分解沈殿法
4	Na_2SiF_6	青色	活性汚泥法

(43)　次の記述の（①）〜（③）にあてはまる字句として、正しい組合せはどれか。

> クロロホルムは、（①）で、（②）の液体である。光、熱などにより分解して、（③）を生成することがある。

	①	②	③
1	無色	可燃性	ホスフィン
2	無色	不燃性	ホスゲン
3	赤褐色	不燃性	ホスフィン
4	赤褐色	可燃性	ホスゲン

(44) 次の記述の（①）～（③）にあてはまる字句として、正しい組合せはどれか。

> アンモニアは、（①）無色の（②）である。アンモニアを（③）％を超えて含有する製剤は、毒物及び劇物取締法により劇物に指定されている。

	①	②	③
1	刺激臭のある	気体	10
2	刺激臭のある	液体	1
3	臭いのない	気体	1
4	臭いのない	液体	10

(45) 次の記述の（①）～（③）にあてはまる字句として、正しい組合せはどれか。

> メタノールは、（①）の液体で、（②）。別名（③）と呼ばれる。

	①	②	③
1	不燃性	臭いはない	木精
2	不燃性	特有の臭いがある	石炭酸
3	可燃性	臭いはない	石炭酸
4	可燃性	特有の臭いがある	木精

東京都
平成 30 年度実施

〔筆　記〕
（一般・農業用品目・特定品目共通）

問 1　次は、毒物及び劇物取締法の条文の一部である。　(1)　～　(5)　にあてはまる字句として、正しいものはどれか。

（目的）
第 1 条
　　この法律は、毒物及び劇物について、保健衛生上の見地から必要な　(1)　を行うことを目的とする。

（定義）
第 2 条第 1 項
　　この法律で「毒物」とは、別表第一に掲げる物であつて、　(2)　及び医薬部外品以外のものをいう。

（禁止規定）
第 3 条第 2 項
　　毒物又は劇物の輸入業の登録を受けた者でなければ、毒物又は劇物を販売又は　(3)　の目的で輸入してはならない。

（禁止規定）
第 3 条の 3
　　(4)　、幻覚又は麻酔の作用を有する毒物又は劇物（これらを含有する物を含む。）であつて政令で定めるものは、みだりに摂取し、若しくは吸入し、又はこれらの目的で　(5)　してはならない。

---

(1)　1　監視　　　　2　管理　　　　3　指導　　　　4　取締

(2)　1　食品　　　　2　医薬品　　　3　化粧品　　　4　農薬

(3)　1　使用　　　　2　研究　　　　3　授与　　　　4　貯蔵

(4)　1　興奮　　　　2　鎮静　　　　3　錯乱　　　　4　酩酊

(5)　1　譲渡　　　　2　販売　　　　3　輸入　　　　4　所持

問2 次は、毒物及び劇物取締法、同法施行令及び同法施行規則に関する記述である。
(6)～(10)の問に答えなさい。

(6) 毒物劇物取扱責任者に関する記述の正誤について、正しい組合せはどれか。

a 毒物劇物販売業者は、毒物又は劇物を直接に取り扱わない店舗にも毒物劇物取扱責任者を設置しなければならない。

b 農業用品目毒物劇物取扱者試験に合格した者は、農業用品目のみを取り扱う毒物劇物製造業の毒物劇物取扱責任者になることができる。

c 特定品目毒物劇物取扱者試験に合格した者は、特定品目のみを取り扱う毒物劇物販売業の毒物劇物取扱責任者になることができる。

	a	b	c
1	正	正	誤
2	正	誤	正
3	誤	正	正
4	誤	誤	正

(7) 毒物又は劇物の表示に関する記述の正誤について、正しい組合せはどれか。

a 毒物劇物輸入業者は、自ら輸入した毒物の容器及び被包に、「医薬用外」の文字及び白地に赤色をもって「毒物」の文字を表示しなければならない。

b 毒物劇物製造業者は、自ら製造した塩化水素を含有する製剤たる劇物(住宅用の洗浄剤で液体状のもの)を授与するときに、その容器及び被包に、使用の際、手足や皮膚、特に眼にかからないように注意しなければならない旨を表示しなければならない。

c 法人たる毒物劇物製造業者は、自ら製造した毒物を販売するときに、その容器及び被包に当該法人の名称及び主たる事務所の所在地を表示しなければならない。

d 毒物劇物輸入業者は、自ら輸入した有機燐化合物を含有する製剤たる劇物を販売するときは、その容器及び被包に、厚生労働省令で定めるその解毒剤の名称を表示しなければならない。

	a	b	c	d
1	正	正	正	正
2	正	誤	正	誤
3	誤	正	正	正
4	誤	正	誤	誤

(8) 法第3条の4において「引火性、発火性又は爆発性のある毒物又は劇物であつて政令で定めるものは、業務その他正当な理由による場合を除いては、所持してはならない。」とされている。
次のa～dのうち、この「政令で定めるもの」に該当するものはどれか。正しいものの組合せを選びなさい。

a アジ化ナトリウム　　b 塩素酸カリウム　　c ナトリウム　　d カリウム

1 a、b　　　　　2 a、c　　　　　3 b、c　　　　　4 c、d

(9) 特定毒物研究者に関する記述の正誤について、正しい組合せはどれか。

a 特定毒物研究者は、学術研究上必要な特定毒物を製造することはできるが、輸入することはできない。

b 特定毒物研究者は、特定毒物を学術研究以外の用途のために製造することができる。

c 特定毒物研究者は、研究で使用する特定毒物の品目に変更が生じた場合、変更後30日以内に、その旨を届け出なければならない。

d 特定毒物研究者は、特定毒物を必要とする研究を廃止した場合、廃止後30日以内に、その旨を届け出なければならない。

	a	b	c	d
1	正	誤	正	正
2	正	誤	誤	誤
3	誤	正	誤	正
4	誤	誤	正	正

(10) 次のa～dのうち、法第22条に基づく毒物劇物業務上取扱者として、届出が必要なものはどれか。正しいものの組合せを選びなさい。

 a 四アルキル鉛を含有する製剤を使用して、石油の精製を行う事業
 b シアン化カリウムを使用して、電気めつきを行う事業
 c 亜砒酸を使用して、しろありの防除を行う事業
 d モノフルオール酢酸アミドを含有する製剤を使用して、かんきつ類、りんご、なし、桃又はかきの害虫の防除を行う事業

  1 a、b   2 b、c   3 b、d   4 c、d

問 3 次は、毒物又は劇物の取扱い等に関する記述である。毒物及び劇物取締法、同法施行令及び同法施行規則の規定に照らし、(11)～(15)の問に答えなさい。

(11) 毒物劇物営業者が毒物又は劇物を販売する際の行為に関する記述の正誤について、正しい組合せはどれか。

 a 譲受人の年齢が16歳であることを身分証明書により確認したので、劇物を交付した。
 b 毒物劇物営業者以外の個人に劇物を販売するに当たり、譲受人から法で定められた事項を記載した書面の提出を受けたが、譲受人の押印がなかったので、劇物を販売しなかった。
 c 毒物を法人たる毒物劇物営業者に販売した際、その都度、毒物の名称及び数量、販売した年月日、譲受人の名称及び主たる事務所の所在地を書面に記載した。
 d 譲受人から提出を受けた法で定められた事項を記載した書面を、販売した日から3年間保管した後に廃棄した。

	a	b	c	d
1	正	正	正	正
2	正	誤	誤	誤
3	誤	正	正	誤
4	誤	誤	正	正

(12) 毒物劇物営業者における毒物又は劇物を取り扱う設備に関する記述の正誤について、正しい組合せはどれか。

 a 劇物の製造業者が、製造頻度が低いことを理由に、製造所において、劇物を含有する粉じん、蒸気又は廃水の処理に要する設備又は器具を備えなかった。
 b 劇物の販売業者が、劇物を貯蔵する設備として、劇物とその他の物とを区分して貯蔵できるものを設けた。
 c 毒物劇物取扱責任者によって、毒物を陳列する場所を常時直接監視することが可能であるので、その場所にかぎをかける設備を設けなかった。
 d 毒物の輸入業者が、毒物を貯蔵する場所が性質上かぎをかけることができないものであったため、その周囲に堅固なさくを設けた。

	a	b	c	d
1	正	正	誤	誤
2	正	誤	正	正
3	誤	正	正	誤
4	誤	正	誤	正

(13) 毒物劇物営業者及び特定毒物研究者が、その取扱いに係る毒物又は劇物の事故の際に講じた措置に関する記述の正誤について、正しい組合せはどれか。

a 毒物劇物販売業者の店舗において、毒物が飛散し、不特定多数の者に保健衛生上の危害が生ずるおそれがあったため、直ちに保健所、警察署及び消防機関に届け出るとともに、保健衛生上の危害を防止するための応急の措置を講じた。

b 毒物劇物製造業者の製造所で保管していた毒物が盗難にあったが、保健衛生上の危害が生ずるおそれのない量であったので、警察署に届け出なかった。

c 毒物劇物販売業者の店舗内で保管していた劇物を紛失したため、直ちに警察署に届け出た。

d 特定毒物研究者の取り扱う毒物が盗難にあったが、特定毒物ではなかったため、警察署に届け出なかった。

	a	b	c	d
1	正	正	誤	誤
2	正	誤	正	誤
3	正	誤	誤	正
4	誤	正	正	正

(14) 硝酸 60 ％を含有する製剤で液体状のものを、車両１台を使用して、１回につき 5000 キログラム以上運搬する場合の運搬方法に関する記述の正誤について、正しい組合せはどれか。

a １人の運転者による連続運転時間（１回が連続 10 分以上で、かつ、合計が 30 分以上の運転の中断をすることなく連続して運転する時間）が、５時間であるため、交替して運転する者を同乗させなかった。

b 車両に、法で定められた保護具を１人分備えた。

c 車両に、運搬する劇物の名称、成分及びその含量並びに事故の際に講じなければならない応急の措置の内容を記載した書面を備えた。

d 0.3 メートル平方の板に地を黒色、文字を白色として「劇」と表示した標識を車両の前後の見やすい箇所に掲げた。

	a	b	c	d
1	正	正	正	正
2	誤	正	誤	誤
3	誤	誤	正	正
4	誤	誤	正	誤

(15) 荷送人が、運送人に 2000 キログラムの毒物の運搬を委託する場合の、令第 40 条の６の規定に基づく荷送人の通知義務に関する記述の正誤について、正しい組合せどれか。

a 通知する書面には、毒物の名称、成分、含量及び数量並びに事故の際に講じなければならない応急の措置の内容を記載した。

b 運送人の承諾を得たため、書面の交付に代えて、口頭で通知した。

c 運送人の承諾を得たため、書面の交付に代えて、磁気ディスクの交付により通知を行った。

d 車両による運送距離が 50 キロメートル以内であったので、通知しなかった。

	a	b	c	d
1	正	正	正	正
2	正	誤	正	誤
3	正	誤	誤	誤
4	誤	正	誤	正

問 4　次は、毒物劇物営業者又は毒物劇物業務上取扱者である「A」〜「D」の4者に
関する記述である。毒物及び劇物取締法、同法施行令及び同法施行規則の規定に
照らし、(16)〜(20)の間に答えなさい。ただし、「A」、「B」、「C」、「D」は、それ
ぞれ別人又は別法人であるものとする。

「A」：毒物劇物輸入業者
　　水酸化ナトリウムを輸入できる登録のみを受けている事業者である。
「B」：毒物劇物製造業者
　　48 ％水酸化ナトリウム水溶液を製造できる登録のみを受けている事業者で
　　ある。
「C」：毒物劇物一般販売業者
　　毒物及び劇物を販売できる登録のみを受けている事業者である。
「D」：毒物劇物業務上取扱者
　　研究所において、水酸化ナトリウム及び48 ％水酸化ナトリウム水溶液のみ
　　を研究のために使用している事業者である。ただし、毒物劇物営業者ではな
　　い。

---

(16)　「A」、「B」、「C」、「D」間の販売に関する記述の正誤について、正しい組合せ
はどれか。

a　「A」は、自ら輸入した水酸化ナトリウムを
　　「B」に販売することができる。
b　「B」は、自ら製造した 48 ％水酸化ナトリ
　　ウム水溶液を「C」に販売することができる。
c　「B」は、自ら製造した 48 ％水酸化ナトリ
　　ウム水溶液を「D」に販売することができる。
d　「C」は、販売又は授与の目的で貯蔵してい
　　る水酸化ナトリウムを「D」に販売することができる。

	a	b	c	d
1	正	正	正	正
2	正	正	誤	正
3	正	誤	正	誤
4	誤	正	誤	誤

(17)　「A」は、登録を受けている営業所において、新たに 98 ％硫酸を輸入するこ
とになった。「A」が行わなければならない手続として、正しいものはどれか。

1　輸入する前に、輸入品目の登録の変更を受けなければならない。
2　輸入する前に、輸入品目について変更届を提出しなければならない。
3　輸入した後、30 日以内に、輸入品目の追加の届出をしなければならない。
4　輸入した後、その販売を始める前に、輸入品目の登録の変更を受けなけれ
　　ばならない。

(18)　「B」は、個人で 48 ％水酸化ナトリウム水溶液の製造を行う毒物劇物製造業
の登録を受けているが、今回「株式会社X」という法人を設立し、「株式会社X」
として 48 ％水酸化ナトリウム水溶液の製造を行うこととなった。この場合に必
要な手続に関する記述について、正しいものはどれか。

1　「B」は、「株式会社X」の法人設立前に、氏名の変更届を提出しなければ
　　ならない。
2　「株式会社X」は、「B」の毒物劇物製造業の登録更新時に、氏名の変更届
　　を提出しなければならない。
3　「株式会社X」は、48 ％水酸化ナトリウム水溶液を製造する前に、新たに
　　毒物劇物製造業の登録を受けなければならない。
4　「株式会社X」は、法人設立後に氏名の変更届を提出しなければならない。

(19)　「C」は、東京都港区にある店舗において毒物劇物一般販売業の登録を受けているが、この店舗を廃止し、東京都中央区に新たに設ける店舗に移転して、引き続き毒物劇物一般販売業を営む予定である。この場合に必要な手続に関する記述の正誤について、正しい組合せはどれか。

a　中央区内の店舗で業務を始める前に、新たに毒物劇物一般販売業の登録を受けなければならない。

b　中央区内の店舗で業務を始める前に、登録票の店舗所在地の書換え交付を申請しなければならない。

c　中央区内の店舗に移転した後30日以内に、店舗所在地の変更届を提出しなければならない。

d　港区内の店舗を廃止した後30日以内に、廃止届を提出しなければならない。

	a	b	c	d
1	正	誤	正	誤
2	正	誤	誤	正
3	誤	正	誤	正
4	誤	正	正	誤

(20)　「D」に関する記述の正誤について、正しい組合せはどれか。

a　研究所内で、劇物を使用するために自ら保管用に小分けしたが、自らが使用するだけなので容器に「医薬用外劇物」の文字を表示しなかった。

b　飲食物の容器として通常使用される物に、「医薬用外劇物」の文字を表示した上で、劇物の保管容器として使用した。

c　研究所閉鎖時には、毒物劇物業務上取扱者の廃止届を提出しなければならない。

d　48％水酸化ナトリウム水溶液の貯蔵場所に、「医薬用外」の文字及び「劇物」の文字を表示しなければならない。

	a	b	c	d
1	正	誤	誤	誤
2	誤	正	正	誤
3	誤	誤	正	正
4	誤	誤	誤	正

問5　次の(21)〜(25)の問に答えなさい。

(21)　酸、塩基及び中和に関する記述の正誤について、正しい組合せはどれか。

a　1価の塩基を弱塩基といい、2価以上の塩基を強塩基という。

b　アレニウスの定義による酸とは、水溶液中で水素イオンH^+を生じる物質である。

c　中和点における水溶液は常に中性を示す。

	a	b	c
1	正	正	誤
2	正	誤	正
3	誤	正	誤
4	誤	誤	正

(22)　0.10mol/L の水酸化カリウム水溶液の pH として、正しいものはどれか。
ただし、水酸化カリウムの電離度は1、水溶液の温度は25℃とする。また、25℃における水のイオン積［H^+］［OH^-］ ＝ $1.0 × 10^{-14}$（mol/L）^{2} とする。

1　pH 1　　　　2　pH 2　　　　3　pH12　　　　4　pH13

(23)　濃度未知の酢酸水溶液をコニカルビーカーに量り取り、0.1mol/L 水酸化ナトリウム水溶液を滴下して中和滴定を行う。この実験に関する記述の正誤について、正しい組合せはどれか。

a　この中和滴定における適切な指示薬は、メチルオレンジである。

b　駒込ピペットを用いて、0.1mol/L 水酸化ナトリウム水溶液を滴下する。

c　中和点付近では、滴下するたびに、酢酸水溶液の入ったコニカルビーカーをよく振り混ぜる。

	a	b	c
1	正	誤	正
2	正	誤	誤
3	誤	正	誤
4	誤	誤	正

(24)　1.0mol/L の水酸化カルシウム水溶液 20mL を過不足なく中和するのに必要な 2.0mol/L の塩酸の量(mL)として、正しいものはどれか。

　　1　10mL　　　　2　20mL　　　　3　30mL　　　　4　40mL

(25)　次の a ～ d の物質のうち、1価の塩基はどれか。正しいものの組合せを選びなさい。

　　a　Ba(OH)$_2$　　　　b　NH$_3$　　　　c　CH$_3$OH　　　　d　LiOH

　　1　a、b　　　　　　2　a、c　　　　　　3　b、d　　　　　　4　c、d

問6　次の(26)～(30)の間に答えなさい。

(26)　次の化学式の下線を引いた原子の酸化数として、正しい組合せはどれか。

　　a　$\underline{Mn}O_4^-$　　　　b　$\underline{O}_3$　　　　c　$HC\underline{l}O_4$

	a	b	c
1	+7	0	+7
2	+3	−6	+3
3	+7	−6	+7
4	+3	0	+3

(27)　体積 3.0L の容器に、ある気体 0.50mol を入れて 27 ℃に保ったとき、気力の圧力(Pa)として、正しいものはどれか。
　　なお、気体定数は $8.3 × 10^3$ [Pa・L/(K・mol)]とし、絶対温度 T(K)とセ氏温度(セルシウス)温度 t(℃)の関係は、$T = t + 273$ とする。

　　1　$1.10 × 10^5$Pa　　　　　　　　　　2　$2.07 × 10^5$Pa
　　3　$4.15 × 10^5$Pa　　　　　　　　　　4　$8.30 × 10^5$Pa

(28)　次の3つの熱化学方程式を用いて、プロパン(C$_3$H$_8$)1.0mol の生成熱(kJ)を計算したとき、正しいものはどれか。
　　ただし、(気)は気体、(液)は液体、(固)は固体の状態を示す。

　　①　2H$_2$(気)＋O$_2$(気)＝2H$_2$O(液)＋572kJ
　　②　C(固)＋O$_2$(気)＝CO$_2$(気)＋394kJ
　　③　C$_3$H$_8$(気)＋5O$_2$(気)＝3CO$_2$(気)＋4H$_2$O(液)＋2219kJ

　　1　107kJ　　　　2　680kJ　　　　3　1539kJ　　　　4　2326kJ

(29)　酸化還元反応に関する記述のうち、正しいものはどれか。
　　1　水素原子を含む物質が水素を失ったとき、その物質は還元されたという。
　　2　ある原子が電子を失ったとき、その原子は酸化されたという。
　　3　酸化還元反応において、相手を還元し、自身が酸化される物質を酸化剤という。
　　4　イオン化傾向が大きい金属ほど、酸化されにくい。

(30)　7.4g の水酸化カルシウム全量を水に溶かして 500mL の水溶液をつくった。この水溶液のモル濃度(mol/L)として、正しいものはどれか。
　　ただし、原子量は、水素＝1、酸素＝16、カルシウム＝40 とする。

　　1　0.05mol/L　　　　2　0.10mol/L　　　　3　0.20mol/L　　　　4　0.40mol/L

問7 次の(31)〜(35)の問に答えなさい。

(31) 物質と結合の種類に関する記述の正誤について、正しい組合せはどれか。

a イオン結合では、陽イオンと陰イオンがクーロン力でお互いに引き合い、結合を形成している。
b 共有結合のうち、一方の原子の非共有電子対が他方の原子に提供されてできている結合を、配位結合という。
c ダイヤモンドを構成する原子間の結合は金属結合である。
d 水素結合はイオン結合や共有結合より強く、切れにくい。

	a	b	c	d
1	正	正	誤	誤
2	正	誤	正	誤
3	誤	正	誤	正
4	誤	誤	正	正

(32) 次の元素とその炎色反応の色との組合せの正誤について、正しい組合せはどれか。

	元素		炎色反応の色
a	リチウム	———	黄
b	銅	———	青緑
c	ストロンチウム	———	黄緑
d	カルシウム	———	橙赤

	a	b	c	d
1	正	正	誤	誤
2	正	誤	正	正
3	誤	正	正	誤
4	誤	正	誤	正

(33) 次のa〜cの記述の正誤について、正しい組合せはどれか。

a 同じ元素の同位体は、陽子の数が異なるだけで、化学的性質は同等である。
b 同じ元素の単体で、性質の異なるものを互いに同素体であるという。
c アルミニウム(Al)は、遷移元素に分類される。

	a	b	c
1	正	正	正
2	正	誤	誤
3	誤	正	誤
4	誤	誤	正

(34) アニリン、安息香酸及びフェノールを含むジエチルエーテル溶液について、以下の分離操作を行った。(①)及び(②)にあてはまる化合物名として、正しい組合せはどれか。
ただし、溶液中には上記化合物以外の物質は含まれていないものとする。

> 分液漏斗にこのジエチルエーテル溶液を入れ、塩酸を加えて振り混ぜ、静置すると、水層には(①)の塩が分けとられる。水層を除き、残ったジエチルエーテル層に、さらに水酸化ナトリウム水溶液を加えて振り混ぜ、静置する。その後、ジエチルエーテル層を除き、水層を回収する。回収した水層に二酸化炭素を通じ、ジエチルエーテルを加えて振り混ぜ、静置すると、ジエチルエーテル層に(②)が得られる。

	①	②
1	アニリン	フェノール
2	アニリン	安息香酸
3	フェノール	アニリン
4	フェノール	安息香酸

(35) 物質とその構造に含まれる官能基との組合せとして、正しいものはどれか。

	物質		官能基
1	エタノール	———	− OH
2	酢酸メチル	———	− SO₃H
3	硝酸	———	− CHO
4	ジエチルエーテル	———	− COOH

（一般・特定品目共通）

問8 あなたの営業所で酢酸エチルを取り扱うこととなり、安全データシートを作成することになりました。以下は、作成中の酢酸エチルの安全データシートの一部である。(36)～(40)の問に答えなさい。

安全データシート

作 成 日　平成 30 年 7 月 8 日
氏　　　名　株式会社　　Ａ　社
住　　　所　東京都新宿区西新宿 2-8-1
電話番号　03 － 5321 － 1111

【製品名】　　酢酸エチル
【物質の特定】
　　化学名　　　　：酢酸エチル
　　別名　　　　　：酢酸エチルエステル
　　化学式（示性式）：　　　①
　　CAS 番号　　　：141-78-6
【取扱い及び保管上の注意】
　　　　②
【物理的及び化学的性質】
　　外観等　：　　③　　　の液体
　　臭い　　：　　④
【安定性及び反応性】
　　　　⑤
【廃棄上の注意】
　　　　⑥

---

(36)　　①　　にあてはまる化学式はどれか。

　　1　$CH_3COCH_2CH_3$　　　2　$C_6H_5CH_3$　　　3　$CH_3COOC_2H_5$　　　4　CH_2CHCHO

(37)　　②　　にあてはまる「取扱い及び保管上の注意」の正誤について、正しい組合せはどれか。

a　ガラスを激しく腐食するので、ガラス容器を避けて保管する。
b　強酸化性物質と接触させない。
c　引火しやすいので火気に近づけない。

	a	b	c
1	正	正	正
2	正	誤	誤
3	誤	正	正
4	誤	誤	正

(38)　　③　　、　　④　　にあてはまる「物理的及び化学的性質」として、正しい組合せはどれか。

	③	④
1	無色	芳香臭
2	無色	無臭
3	黄褐色	芳香臭
4	黄褐色	無臭

(39) ⑤ にあてはまる「安定性及び反応性」として、正しいものはどれか。

  1 酸と反応して、ホスフィンを生成する。
  2 光、熱などに反応して、有害なホスゲンを生成する。
  3 燃焼により、一酸化炭素を発生する。
  4 水により加水分解して、塩酸を生じる。

(40) ⑥ にあてはまる「廃棄上の注意」として、最も適切なものはどれか。

  1 硅そう土等に吸収させて開放型の焼却炉で燃焼する。
  2 多量の消石灰水溶液に撹拌しながら少量ずつ加えて中和し、沈殿ろ過して埋立処分する。
  3 水を加えて希薄な水溶液とし、希塩酸で中和させた後、多量の水で希釈して処理する。
  4 セメントを用いて固化し、溶出試験を行い、溶出量が判定基準以下であることを確認して埋立処分する。

（一般）

問9　次の(41)～(45)の問に答えなさい。

(41)　アクロレインに関する記述の正誤について、正しい組合せはどれか。

  a 無色又は帯黄色の液体である。
  b 引火性がある。
  c 毒物に指定されている。

	a	b	c
1	正	正	誤
2	正	誤	正
3	誤	正	正
4	誤	正	誤

(42)　ピクリン酸に関する記述の正誤について、正しい組合せはどれか。

  a 淡黄色の結晶で、爆発性がある。
  b 金属との接触を避けて保管する。
  c 除草剤として用いられる。

	a	b	c
1	正	正	正
2	正	正	誤
3	正	誤	正
4	誤	正	誤

(43)　水銀に関する記述の正誤について、正しい組合せはどれか。

  a 銀白色の液体の金属である。
  b 水と激しく反応する。
  c 気圧計に使用される。

	a	b	c
1	正	正	正
2	正	正	誤
3	正	誤	正
4	誤	正	正

(44)　パラフェニレンジアミンに関する記述の正誤について、正しい組合せはどれか。

  a 白色又は微赤色の板状結晶である。
  b 毛皮の染色に用いられる。
  c アルコールにほとんど溶けない。

	a	b	c
1	正	正	正
2	正	正	誤
3	誤	正	誤
4	誤	誤	正

(45) クロルスルホン酸に関する記述の正誤について、正しい組合せはどれか。

a 無色又は淡黄色の発煙性の液体である。
b 刺激臭がある。
c 劇物に指定されている。

	a	b	c
1	正	正	正
2	正	正	誤
3	誤	正	正
4	誤	誤	正

問10 次の(46)～(50)の問に答えなさい。

(46) 次の記述の（①）～（③）にあてはまる字句として、正しい組合せはどれか。

> 無水酢酸は、無色透明で刺激臭のある（ ① ）であり、化学式は（ ② ）である。毒物及び劇物取締法により（ ③ ）に指定されている。

	①	②	③
1	液体	HCHO	毒物
2	液体	$(CH_3CO)_2O$	劇物
3	固体	$(CH_3CO)_2O$	毒物
4	固体	HCHO	劇物

(47) 次の記述の（①）～（③）にあてはまる字句として、正しい組合せはどれか。

> ニコチンは、無色無臭の（ ① ）であるが、空気中ではすみやかに褐変する。水に（ ② ）。毒物及び劇物取締法により（ ③ ）に指定されている。

	①	②	③
1	固体	よく溶ける	劇物
2	固体	ほとんど溶けない	毒物
3	油状液体	ほとんど溶けない	劇物
4	油状液体	よく溶ける	毒物

(48) 次の記述の（①）～（③）にあてはまる字句として、正しい組合せはどれか。

> 炭酸バリウムは、（ ① ）の粉末であり、水に（ ② ）。毒物及び劇物取締法により（ ③ ）に指定されている。

	①	②	③
1	白色	よく溶ける	毒物
2	白色	ほとんど溶けない	劇物
3	黒色	よく溶ける	劇物
4	黒色	ほとんど溶けない	毒物

(49) 次の記述の（①）～（③）にあてはまる字句として、正しい組合せはどれか。

> ヘキサン－1，6－ジアミンは、（ ① ）を有する。（ ② ）の固体である。毒物及び劇物取締法により（ ③ ）に指定されている。

	①	②	③
1	フェノール臭	黄褐色	劇物
2	フェノール臭	白色	毒物
3	アンモニア臭	黄褐色	毒物
4	アンモニア臭	白色	劇物

(50) 次の記述の(①)～(③)にあてはまる字句として、正しい組合せはどれか。

> 黄燐(りん)は、白色又は淡黄色の(①)であり、(②)に溶けやすい。最も適切な廃棄方法は(③)である。

	①	②	③
1	ロウ状の固体	二硫化炭素	燃焼法
2	ロウ状の固体	水	希釈法
3	液体	二硫化炭素	希釈法
4	液体	水	燃焼法

（農業用品目）

問8 次は、2－イソプロピル－4－メチルピリミジル－6－ジエチルチオホスフェイト(別名：ダイアジノン)に関する記述である。(36)～(40)の問に答えなさい。

> 2－イソプロピル－4－メチルピリミジル－6－ジエチルチオホスフェイト(別名：ダイアジノン)の化学式は(①)であり、毒物及び劇物取締法により(②)に指定されている。本品は、(③)の農薬として、主に(④)として用いられる。最も適切な廃棄方法は(⑤)である。

(36) (①)にあてはまるものはどれか。

1

2

3

4

(37) (②)にあてはまるものはどれか。

　　1　毒物
　　2　5％(マイクロカプセル製剤にあっては 25 ％)を超えて含有するものは毒物、
　　　5％(マイクロカプセル製剤にあっては 25 ％)以下を含有するものは劇物
　　3　劇物
　　4　5％(マイクロカプセル製剤にあっては 25 ％)以下を含有するものを除き、劇物

(38) (③)にあてはまるものはどれか。
　　1　カーバメート系　　　　　　2　有機燐(りん)系
　　3　ネオニコチノイド系　　　　4　ピレスロイド系

(39) (④)にあてはまるものはどれか。
　　1　殺虫剤　　　　2　殺鼠(そ)剤　　　　3　除草剤　　　　4　植物成長調整剤

(40) (⑤)にあてはまるものはどれか。
　　1　分解沈殿法　　　2　燃焼法　　　　3　回収法　　　　4　沈殿法

問9　次の(41)～(45)の問に答えなさい。

(41) 次の記述の(①)及び(②)にあてはまる字句として、正しい組合せはどれか。

　　5－メチル－1，2，4－トリアゾロ［3，4－b］ベンゾチアゾールの別名は(①)である。農薬としての用途は(②)である。

	①	②
1	トリシクラゾール	殺菌剤
2	トリシクラゾール	除草剤
3	ジメトエート	殺菌剤
4	ジメトエート	除草剤

(42) 次の記述の(①)及び(②)にあてはまる字句として、正しい組合せはどれか。

　　2，3－ジヒドロ－2，2－ジメチル－7－ベンゾ［b］フラニル－N－ジブチルアミノチオ－N－メチルカルバマートは、カーバメート系の殺虫剤で、別名は、(①)である。毒物及び劇物取締法により(②)に指定されている。

	①	②
1	カルボスルファン	毒物
2	カルボスルファン	劇物
3	カルバリル	毒物
4	カルバリル	劇物

(43) 次の記述の(①)及び(②)にあてはまる字句として、正しい組合せはどれか。

　　1，1'－イミノジ(オクタメチレン)ジグアニジン（別名：イミノクタジン）の酢酸塩を含有する製剤は、毒物及び劇物取締法により(①)に指定されている。ただし、1，1'－イミノジ(オクタメチレン)ジグアニジンとして3.5％以下を含有するものは(①)から除かれている。農薬としての主な用途は(②)である。

	①	②
1	毒物	殺鼠剤
2	劇物	殺鼠剤
3	毒物	殺菌剤
4	劇物	殺菌剤

(44) 次の記述の（ ① ）及び（ ② ）にあてはまる字句として、正しい組合せはどれか。

> 　１－（６－クロロ－３－ピリジルメチル）－Ｎ－ニトロイミダゾリジン－２－イリデンアミン(別名：イミダクロプリド)は、（ ① ）の殺虫剤で、毒物及び劇物取締法により劇物に指定されている。ただし、１－（６－クロロ－３－ピリジルメチル）－Ｎ－ニトロイミダゾリジン－２－イリデンアミンとして（ ② ）%以下(マイクロカプセル製剤にあっては、12 %以下)を含有するものは劇物から除かれる。

	①	②
1	フェニルピラゾール系	2
2	フェニルピラゾール系	3
3	ネオニコチノイド系	2
4	ネオニコチノイド系	3

(45) 次の記述の（ ① ）及び（ ② ）にあてはまる字句として、正しい組合せはどれか。

> 　４－クロロ－３－エチル－１－メチル－Ｎ－［４－（パラトリルオキシ)ベンジル］ピラゾール－５－カルボキサミド(トルフェンピラドとも呼ばれる。)は、毒物及び劇物取締法により（ ① ）に指定されている。農薬としての用途は（ ② ）である。

	①	②
1	毒物	殺虫剤
2	毒物	植物成長調整剤
3	劇物	殺虫剤
4	劇物	植物成長調整剤

（特定品目）

問9　次の(41)～(45)の間に答えなさい。

(41) 次の記述の（ ① ）～（ ③ ）にあてはまる字句として、正しい組合せはどれか。

> 　ホルムアルデヒドの化学式は、（ ① ）で、刺激臭のある無色の（ ② ）である。ホルムアルデヒドを（ ③ ）%を超えて含有する製剤は、毒物及び劇物取締法により劇物に指定されている。

	①	②	③
1	HCHO	固体	0.1
2	HCHO	気体	1
3	HCOOH	気体	0.1
4	HCOOH	固体	1

(42) 次の記述の（①）～（③）にあてはまる字句として、正しい組合せはどれか。

> 一酸化鉛は、（①）の固体で、水にほとんど溶けない。一酸化鉛の化学式は（②）で、（③）とも呼ばれる。

	①	②	③
1	黄色から赤色	PbO_2	鉛糖
2	黄色から赤色	PbO	リサージ
3	無色から白色	PbO_2	リサージ
4	無色から白色	PbO	鉛糖

(43) 次の記述の（①）～（③）にあてはまる字句として、正しい組合せはどれか。

> 蓚酸(二水和物)は、（①）の結晶で、注意して加熱すると（②）するが、急に加熱すると分解する。主な用途として（③）がある。

	①	②	③
1	無色	昇華	漂白剤
2	無色	潮解	殺鼠剤
3	橙色	昇華	殺鼠剤
4	橙色	潮解	漂白剤

(44) 次の記述の（①）～（③）にあてはまる字句として、正しい組合せはどれか。

> 硫酸は、（①）の液体である。（②）の酸であり、水に混ぜると（③）する。

	①	②	③
1	可燃性	2価	吸熱
2	可燃性	1価	発熱
3	不燃性	1価	吸熱
4	不燃性	2価	発熱

(45) 次の記述の（①）～（③）にあてはまる字句として、正しい組合せはどれか。

> メチルエチルケトンは、（①）液体で、（②）。（③）とも呼ばれる。

	①	②	③
1	引火性がある	臭いはない	カルボール
2	引火性がある	芳香がある	2－ブタノン
3	不燃性の	臭いはない	2－ブタノン
4	不燃性の	芳香がある	カルボール

東京都
令和元年度実施

〔筆　記〕
（一般・農業用品目・特定品目共通）

問1　次は、毒物及び劇物取締法の条文の一部である。 (1) 〜 (5) にあてはまる字句として、正しいものはどれか。

（目的）
第1条
　この法律は、毒物及び劇物について、 (1) 上の見地から必要な取締を行うことを目的とする。

（定義）
第2条第2項
　この法律で「劇物」とは、別表第二に掲げる物であつて、 (2) 及び医薬部外品以外のものをいう。

（禁止規定）
第3条第3項
　毒物又は劇物の販売業の登録を受けた者でなければ、毒物又は劇物を販売し、授与し、又は販売若しくは授与の目的で (3) し、運搬し、若しくは陳列してはならない。（以下省略）

（禁止規定）
第3条の4
　引火性、発火性又は (4) のある毒物又は劇物であつて政令で定めるものは、業務その他正当な理由による場合を除いては、 (5) してはならない。

---

(1)　1　保健衛生　　2　労働安全　　3　環境衛生　　4　犯罪防止

(2)　1　食品　　　　2　危険物　　　3　化粧品　　　4　医薬品

(3)　1　貯蔵　　　　2　交付　　　　3　広告　　　　4　所持

(4)　1　易燃性　　　2　揮発性　　　3　爆発性　　　4　依存性

(5)　1　譲渡　　　　2　販売　　　　3　使用　　　　4　所持

問2　次は、毒物及び劇物取締法、同法施行令及び同法施行規則に関する記述である。
(6)〜(10)の問に答えなさい。

(6)　毒物又は劇物の営業の登録に関する記述の正誤について、正しい組合せはどれか。

a　毒物又は劇物の製造業の登録は、5年ごとに更新を受けなければ、その効力を失う。
b　毒物又は劇物の輸入業の登録は、営業所ごとに受けなければならない。
c　毒物又は劇物の販売業の登録を受けようとする者は、その店舗の所在地の都道府県知事を経て、厚生労働大臣に申請書を出さなければならない。
d　毒物劇物一般販売業の登録を受けた者であっても、特定毒物を販売することはできない。

	a	b	c	d
1	正	正	誤	誤
2	正	誤	正	誤
3	正	正	誤	正
4	誤	誤	正	誤

(7)　毒物又は劇物の表示に関する記述の正誤について、正しい組合せはどれか。

a　法人たる毒物劇物輸入業者は、自ら輸入した毒物を販売するときは、その毒物の容器及び被包に、当該法人の名称及び主たる事務所の所在地を表示しなければならない。
b　毒物劇物営業者は、劇物の容器及び被包に、「医薬用外」の文字及び赤地に白色をもって「劇物」の文字を表示しなければならない。

	a	b	c	d
1	正	正	正	正
2	正	誤	正	正
3	誤	正	誤	正
4	誤	誤	正	誤

c　毒物劇物営業者は、毒物たる有機燐(りん)化合物の容器及びその被包に、厚生労働省令で定めるその解毒剤の名称を記載しなければ、その毒物を販売してはならない。
d　劇物の製造業者は、自ら製造した塩化水素を含有する製剤たる劇物（住宅用の洗浄剤で液体状のもの）を授与するときに、その容器及び被包に、眼に入った場合は、直ちに流水でよく洗い、医師の診断を受けるべき旨を表示しなければならない。

(8)　法第3条の3において「興奮、幻覚又は麻酔の作用を有する毒物又は劇物（これらを含有する物を含む。）であつて政令で定めるものは、みだりに摂取し、若しくは吸入し、又はこれらの目的で所持してはならない。」とされている。
　　次のa〜dのうち、この「政令で定めるもの」に該当するものはどれか。正しいものの組合せを選びなさい。

a　トルエン　　　b　亜塩素酸ナトリウム　　c　ホルムアルデヒド
d　メタノールを含有するシンナー

1　a、b　　　　　2　a、d　　　　　3　b、c　　　　　4　c、d

(9)　毒物劇物営業者が、その取扱いに係る毒物又は劇物の事故の際に講じた措置に関する記述の正誤について、正しい組合せはどれか。

a　劇物が毒物劇物製造業者の敷地外に流出し、近隣地域の住民に保健衛生上の危害が生ずるおそれがあるため、直ちに、保健所、警察署及び消防機関に届け出るとともに、保健衛生上の危害を防止するために必要な応急の措置を講じた。
b　毒物劇物販売業者の店舗で毒物が盗難にあったため、直ちに、警察署に届け出た。
c　毒物劇物輸入業者の営業所内で劇物を紛失したが、少量であったため、その旨を警察署に届け出なかった。

	a	b	c
1	正	正	正
2	正	正	誤
3	誤	正	誤
4	正	誤	正

(10)　次の a ～ d のうち、法第 22 条に基づく毒物劇物業務上取扱者として、届出が必要なものはどれか。正しいものの組合せを選びなさい。

　　a　四アルキル鉛を含有する製剤を使用して、石油の精製を行う事業
　　b　亜砒酸を使用して、しろありの防除を行う事業
　　c　シアン化ナトリウムを使用して、金属熱処理を行う事業
　　d　モノフルオール酢酸ナトリウムを使用して、野ねずみの駆除を行う事業

　　　1　a、b　　　　　　　2　a、d　　　　　　　3　b、c　　　　　　　4　c、d

問3　次は、毒物又は劇物の取扱い等に関する記述である。毒物及び劇物取締法、同法施行令及び同法施行規則の規定に照らし、(11)～(15)の間に答えなさい。

(11)　毒物劇物取扱責任者に関する記述の正誤について、正しい組合せはどれか。

　　a　毒物劇物営業者が毒物又は劇物の輸入業及び販売業を併せ営む場合において、その営業所と店舗が互いに隣接しているときは、毒物劇物取扱責任者は2つの施設を通じて1人で足りる。
　　b　一般毒物劇物取扱者試験に合格した者は、毒物又は劇物の製造業、輸入業及び販売業のいずれにおいても、毒物劇物取扱責任者になることができる。
　　c　農業用品目毒物劇物取扱者試験に合格した者は、農業用品目のみを取り扱う輸入業の営業所の毒物劇物取扱責任者になることができる。
　　d　特定品目毒物劇物取扱者試験に合格した者は、特定品目のみを取り扱う製造業の毒物劇物取扱責任者になることができる。

	a	b	c	d
1	正	正	正	正
2	正	正	正	誤
3	誤	正	誤	誤
4	誤	誤	正	正

(12)　毒物劇物営業者が毒物又は劇物を販売する際の行為に関する記述の正誤について、正しい組合せはどれか。

　　a　毒物を法人たる毒物劇物営業者に販売した際、その都度、毒物の名称及び数量、販売した年月日、譲受人の名称及び主たる事務所の所在地を書面に記載した。
　　b　譲受人から提出を受けた、法で定められた事項を記載した書面を、販売した日から3年間保存した後に廃棄した。
　　c　譲受人の年齢を身分証明書で確認したところ、17 歳であったので、劇物を交付した。
　　d　毒物劇物営業者以外の個人に劇物を販売した翌日に、法で定められた事項を記載した書面の提出を受けた。

	a	b	c	d
1	正	誤	誤	正
2	誤	正	誤	誤
3	誤	正	正	正
4	正	誤	誤	誤

(13) 毒物劇物営業者における毒物又は劇物を取り扱う設備に関する記述の正誤について、正しい組合せはどれか。

    a 毒物の輸入業者が、毒物劇物取扱責任者によって、営業所内において毒物を貯蔵する場所を常時直接監視することが可能であるので、その場所にかぎをかける設備を設けなかった。

    b 劇物の製造業者の製造所において、製造作業を行う場所を、板張りの構造とし、その外に毒物又は劇物が飛散し、漏れ、しみ出若しくは流れ出、又は地下にしみ込むおそれのない構造とした。

    c 劇物の販売業者が、劇物を貯蔵する場所が性質上かぎをかけることができないため、その周囲に堅固なさくを設けた。

	a	b	c
1	正	誤	正
2	誤	正	誤
3	誤	正	正
4	誤	誤	誤

(14) 水酸化ナトリウムを 10 ％を含有する液体状の劇物を、車両1台を使用して、1回につき 6000 キログラムを運搬する場合の運搬方法に関する記述の正誤について、正しい組合せはどれか。

    a 運搬する車両の前後の見やすい箇所に、0.3 メートル平方の板に地を白色、文字を赤色として「劇」と表示した標識を掲げた。

    b 車両には、防毒マスク、ゴム手袋その他事故の際に応急の措置を講ずるために必要な保護具を1人分備えた。

    c 車両には、運搬する劇物の名称、成分及びその含量並びに事故の際に講じなければならない応急の措置の内容を記載した書面を備えた。

    d 1人の運転者による連続運転時間（1回が連続 10 分以上で、かつ、合計が 30 分以上の運転の中断をすることなく連続して運転する時間をいう。）が、4時間 30 分であるため、交替して運転する者を同乗させた。

	a	b	c	d
1	正	正	誤	誤
2	正	誤	正	誤
3	誤	正	正	正
4	誤	誤	正	正

(15) 荷送人が、運送人に 2000 キログラムの毒物の運搬を委託する場合の、令第 40 条の6の規定に基づく荷送人の通知義務に関する記述の正誤について、正しい組合せどれか。

    a 車両ではなく、鉄道による運搬であったため、通知しなかった。

    b 運送人の承諾を得たため、書面の交付に代えて、磁気ディスクの交付により通知を行った。

    c 運送人の承諾を得たため、書面の交付に代えて、口頭により通知を行った。

    d 通知する書面には、毒物の名称、成分、含量及び数量並びに事故の際に講じなければならない応急の措置の内容を記載した。

	a	b	c	d
1	正	正	誤	正
2	正	誤	正	正
3	誤	正	誤	正
4	正	正	正	誤

問4 次は、毒物劇物営業者又は毒物劇物業務上取扱者である「A」〜「D」の4者に関する記述である。毒物及び劇物取締法、同法施行令及び同法施行規則の規定に照らし、(16)〜(20)の問に答えなさい。
ただし、「A」、「B」、「C」、「D」は、それぞれ別人又は別法人であるものとする。

「A」：毒物劇物輸入業者
　　　水酸化カリウムを輸入できる登録のみを受けている事業者である。
「B」：毒物劇物製造業者
　　　20％水酸化カリウム水溶液を製造できる登録のみを受けている事業者である。
「C」：毒物劇物一般販売業者
　　　毒物及び劇物を販売できる登録のみを受けている事業者である。
「D」：毒物劇物業務上取扱者
　　　研究所において、毒物又は劇物のうち水酸化カリウム及び20％水酸化カリウム水溶液を研究のために使用している事業者である。ただし、毒物劇物営業者ではない。

---

(16) 「A」、「B」、「C」、「D」間の販売等に関する記述の正誤について、正しい組合せはどれか。

a 「A」は、自ら輸入した水酸化カリウムを「B」に販売することができる。
b 「B」は、自ら製造した20％水酸化カリウム水溶液を「C」に販売することができる。
c 「B」は、自ら製造した20％水酸化カリウム水溶液を「D」に販売することができる。
d 「C」は、水酸化カリウムを「D」に販売することができる。

	a	b	c	d
1	正	正	正	正
2	正	正	誤	正
3	誤	正	誤	誤
4	誤	誤	正	正

(17) 「A」は、登録を受けている営業所において、新たに48％水酸化カリウム水溶液を輸入することになった。そのために「A」が行わなければならない手続として、正しいものはどれか。

1 原体である水酸化カリウムの輸入の登録を受けているため、法的手続を要しない。
2 製剤である48％水酸化カリウム水溶液を輸入した後、30日以内に輸入品目の登録の変更を受けなければならない。
3 製剤である48％水酸化カリウム水溶液を輸入する前に、輸入品目の変更を届け出なければならない。
4 製剤である48％水酸化カリウム水溶液を輸入する前に、輸入品目の登録の変更を受けなければならない。

(18) 「B」は、毒物劇物製造業の登録を受けている製造所の名称を「株式会社X 品川工場」から「株式会社X 東京工場」に変更することになった。変更内容は、名称のみであり、法人格には変更がない。この場合に必要な手続に関する記述について、正しいものはどれか。

1 名称変更前に、新たに登録申請を行わなければならない。
2 名称変更前に、登録変更申請を行わなければならない。
3 名称変更後30日以内に、変更届を提出しなければならない。
4 名称変更後30日以内に、登録票再交付申請を行わなければならない。

(19) 「C」は、東京都江東区にある店舗において毒物劇物一般販売業の登録を受けているが、この店舗を廃止し、東京都北区に新たに設ける店舗に移転して、引き続き毒物劇物一般販売業を営む予定である。この場合に必要な手続に関する記述の正誤について、正しい組合せはどれか。

a 北区内の店舗で業務を始める前に、新たに北区内の店舗で毒物劇物一般販売業の登録を受けなければならない。
b 北区内の店舗で業務を始める前に、店舗所在地の変更届を提出しなければならない。
c 江東区内の店舗を廃止した後 30 日以内に、廃止届を提出しなければならない。
d 北区内の店舗へ移転した後 30 日以内に、登録票の書換え交付を申請しなければならない。

	a	b	c	d
1	正	誤	誤	誤
2	正	誤	正	誤
3	誤	正	誤	正
4	誤	正	誤	誤

(20) 「D」に関する記述の正誤について、正しい組合せはどれか。

a 水酸化カリウムの盗難防止のために必要な措置を講じなければならない。
b 飲食物の容器として通常使用される物を、20％水酸化カリウム水溶液の保管容器として使用した。
c 新たに硝酸を使用する際には、取扱品目の変更届を提出しなければならない。
d 水酸化カリウムの貯蔵場所には、「医薬用外」の文字及び「劇物」の文字を表示しなければならない。

	a	b	c	d
1	正	誤	正	正
2	正	誤	誤	正
3	正	正	正	誤
4	誤	誤	誤	正

問5 次の(21)～(25)の問に答えなさい。

(21) 酸及び塩基に関する記述の正誤について、正しい組合せはどれか。

a 水溶液中で溶質のほとんどが電離している塩基を、強塩基という。
b 酸性の水溶液中では、水酸化物イオンは存在しない。
c 水溶液が中性を示すとき、水溶液中に水酸化物イオンは存在しない。
d アレニウスの定義では、塩基とは、水に溶けて水酸化物イオンを生じる物質である。

	a	b	c	d
1	正	誤	誤	誤
2	正	正	正	誤
3	誤	正	誤	正
4	正	誤	誤	正

(22) ｐＨ指示薬をｐＨ２及びｐＨ12の無色透明の水溶液に加えたとき、各ｐＨ指示薬が呈する色の組合せの正誤について、正しい組合せはどれか。

加えたｐＨ指示薬	ｐＨ２のときの色	ｐＨ12のときの色
a メチルオレンジ（MO)	赤色	橙黄色～黄色
b ブロモチモールブルー（BTB)	黄色	青色
c フェノールフタレイン（PP)	無色	桃色～赤色

	a	b	c
1	正	正	正
2	正	誤	誤
3	誤	正	正
4	誤	誤	正

(23) 濃度不明の水酸化カルシウム水溶液 120mL を過不足なく中和するのに、0.60mol/L の硫酸 100mL を要した。この水酸化カルシウム水溶液のモル濃度 (mol/L) として、正しいものはどれか。

1 0.05mol/L   2 0.25mol/L   3 0.50mol/L   4 1.00mol/L

(24) p H に関する記述の正誤について、正しい組合せはどれか。

a 温度が 25 ℃で、水溶液が pH 7を示すとき、溶液中の水素イオンと水酸化物イオンの濃度は一致する。
b 同一条件下において、0.1mol/L 水酸化ナトリウム水溶液の pH は、0.1mol/L 水酸化カルシウム水溶液の pH より大きい。
c 0.001mol/L 水酸化バリウム水溶液 1 mL に水を加えていくと、この水溶液の pH は大きくなる。
d 0.01mol/L 塩酸の pH は、0.1 mol/L 塩酸の pH より大きい。

	a	b	c	d
1	正	正	誤	誤
2	誤	誤	正	誤
3	誤	正	誤	正
4	正	誤	誤	正

(25) 水素イオン（H^+）の授受による定義では、酸とは、相手に水素イオン（H^+）を与える分子又はイオンであるとされている。次の化学反応式のうち、下線で示した物質が酸として働いているものはどれか。

1	$\underline{HSO_4^-}$	+	$\underline{H_2O}$	→	SO_4^{2-}	+	H_3O^+
2	$\underline{H_2S}$	+	$2NaOH$	→	Na_2S	+	$2H_2O$
3	$\underline{CO_3^{2-}}$	+	H_2O	→	HCO_3^-	+	OH^-
4	$\underline{NH_3}$	+	H_2O	→	NH_4^+	+	OH^-

問6 次の(26)～(30)の問に答えなさい。

(26) 水酸化ナトリウム NaOH 5.0g の物質量（mol）として、正しいものはどれか。ただし、原子量は、水素＝1、酸素＝16、ナトリウム＝23 とする。

1 0.060mol   2 0.080mol   3 0.125mol   4 0.200mol

(27) 水 100g に塩化ナトリウムを溶かして、質量パーセント濃度 20 ％の水溶液を作る。必要な塩化ナトリウムの質量（ g ）として、正しいものはどれか。

1 12.5g   2 20.0g   3 25.0g   4 40.0g

(28) 70 ℃のホウ酸の飽和水溶液 360 g を 10 ℃に冷却したとき、析出するホウ酸の質量（ g ）として、最も近いものはどれか。
ただし、70 ℃のホウ酸の溶解度（水 100 g に溶ける g 数）は、20 とし、10 ℃のホウ酸の溶解度（水 100 g に溶ける g 数）は、5とする。

1 18 g   2 45 g   3 54 g   4 72 g

(29) エタノール C_2H_5OH 9.20g を完全燃焼させたとき、生成する二酸化炭素の標準状態における体積（L）として、正しいものはどれか。
ただし、エタノールが燃焼するときの化学反応式は次のとおりであり、原子量は、水素＝1、炭素＝12、酸素＝16 とし、標準状態で 1 mol の気体の体積は 22.4L とする。

C_2H_5OH + $3O_2$ → $2CO_2$ + $3H_2O$

1 8.96L   2 13.44L   3 17.92L   4 22.40L

(30) 次は、酸化銅（Ⅱ）と炭素が反応して、銅と二酸化炭素を生じる反応の化学反応式である。この反応に関する記述のうち、正しいものはどれか。

$$2CuO + C → 2Cu + CO_2$$

1　この反応で、炭素原子は酸化剤として働いている。
2　この反応の前後で、銅の酸化数は−2から0に増加している。
3　この反応により、銅は電子を与えている。
4　この反応により、炭素原子は酸化されている。

問7　次の(31)～(35)の問に答えなさい。

(31) 元素の周期表に関する記述の正誤について、正しい組合せはどれか。

a　元素の性質が原子番号に対して周期的に変化することを、元素の周期律という。
b　17族元素はハロゲンと呼ばれており、非金属元素である。
c　18族元素は希ガスと呼ばれており、化学的に安定である。
d　非金属元素は全てが遷移元素である。

	a	b	c	d
1	正	正	正	正
2	正	正	正	誤
3	誤	正	誤	正
4	誤	誤	正	誤

(32) 次の記述の（ ① ）～（ ③ ）にあてはまる字句として、正しい組合せはどれか。

> 一般に、物質には固体・液体・気体の三つの状態があり、これらを物質の三態といい、三態間の変化を状態変化という。
> 液体が固体になる変化を（ ① ）という。
> 固体が直接気体になる変化を（ ② ）という。
> 状態変化のように、物質の種類は変わらずに状態だけが変わる変化を（ ③ ）変化という。

	①	②	③
1	凝固	昇華	物理
2	凝固	蒸発	化学
3	凝固	昇華	化学
4	凝縮	蒸発	化学

(33) 次の分子のうち、極性分子はどれか。

1　Cl_2　　　　2　CO_2　　　　3　CH_4　　　　4　HCl

(34) 次の元素とその炎色反応の色との組合せの正誤について、正しい組合せはどれか。

	元素		炎色反応の色
a	カルシウム	———	橙赤
b	カリウム	———	黄
c	ストロンチウム	———	青緑
d	リチウム	———	赤

	a	b	c	d
1	正	正	誤	誤
2	誤	正	誤	正
3	正	誤	誤	正
4	正	誤	正	正

(35)　金属のイオン化傾向及び反応性に関する記述のうち、正しいものはどれか。

1　銀 Ag は、常温の空気中で速やかに酸化される。
2　イオン化傾向の小さい金属ほど、陽イオンになりやすい。
3　イオン化傾向の小さい金属ほど、還元作用が強い。
4　亜鉛 Zn は、高温の水蒸気と反応して水素を発生する。

（一般・特定品目共通）

問8　あなたの営業所で硝酸を取り扱うこととなり、安全データシートを作成することになりました。以下は、作成中の硝酸の安全データシートの一部である。(36)〜(40)の問に答えなさい。

```
                        安全データシート

                          作 成 日　令和元年 7 月 14 日
                          氏　　名　株式会社　　A 社
                          住　　所　東京都新宿区西新宿 2-8-1
                          電話番号　03-5321-1111

    【製品名】　　　硝酸
    【物質の特定】
        化学名　　　　　：硝酸
        化学式(示性式)　：[    ①    ]
        CAS 番号　　　　：7697-37-2
    【取扱い及び保管上の注意】
        [    ②    ]
    【物理的及び化学的性質】
        外観等　：　無色の[   ③   ]
        臭い　　：　[   ④   ]
        溶解性　：　水に混和する
    【安定性及び反応性】
        [    ⑤    ]
    【廃棄上の注意】
        [    ⑥    ]
```

(36)　[　①　]　にあてはまる化学式はどれか。

1　HNO₃　　2　CH₃OH　　　3　H₂SO₄　　4　NH₃

(37)　[　②　]　にあてはまる「取扱い及び保管上の注意」の正誤について、正しい組合せはどれか。

a　熱源や着火源から離れた通風のよい乾燥した冷暗所に保管する。
b　皮膚に付けたり、蒸気を吸入しないように適切な保護具を着用する。
c　可燃物、有機物と接触させない。

	a	b	c
1	正	正	正
2	正	誤	誤
3	誤	正	正
4	誤	正	誤

(38) ③ 、 ④ にあてはまる「物理的及び化学的性質」として、正しい組合せはどれか。

	③	④
1	液体	無臭
2	液体	刺激臭
3	固体	無臭
4	固体	刺激臭

(39) ⑤ にあてはまる「安定性及び反応性」として、正しいものはどれか。
1 加熱すると分解して、有害な弗化水素ガスを発生する。
2 加熱すると分解して、有害な一酸化炭素ガスを発生する。
3 加熱すると分解して、有害な硫黄酸化物ガスを発生する。
4 加熱すると分解して、有害な窒素酸化物ガスを発生する。

(40) ⑥ にあてはまる「廃棄上の注意」として、最も適切なものはどれか。
1 希硫酸に溶かし、還元剤の水溶液を過剰に用いて還元した後、消石灰、ソーダ灰等の水溶液で処理し、濾過する。溶出試験を行い、溶出量が判定基準以下であることを確認して埋立処分する。
2 多量の次亜塩素酸ナトリウム水溶液を用いて酸化分解する。
3 徐々に炭酸ナトリウム又は水酸化カルシウムの撹拌溶液に加えて中和させた後、多量の水で希釈して処理する。水酸化カルシウムの場合は上澄液のみを流す。
4 焼却炉の火室へ噴霧し焼却する。

（一般）

問9 次の(41)～(45)の問に答えなさい。

(41) キシレンに関する記述の正誤について、正しい組合せはどれか。

a 橙色又は赤色の粉末である。
b 引火性がある。
c 溶剤として用いられる。

	a	b	c
1	正	正	誤
2	誤	誤	正
3	誤	正	正
4	誤	正	誤

(42) ジエチルー（5－フェニルー3－イソキサゾリル）－チオホスフェイト（別名：イソキサチオン）に関する記述の正誤について、正しい組合せはどれか。

a 有機燐系の化合物である。
b 白色結晶性の粉末である。
c 殺虫剤として用いられる。

	a	b	c
1	正	正	正
2	正	正	誤
3	正	誤	正
4	誤	正	正

(43) （クロロメチル）ベンゼン（塩化ベンジルとも呼ばれる。）に関する記述の正誤について、正しい組合せはどれか。

a　刺激臭を有する無色の液体である。
b　水分の存在下で多くの金属を腐食する。
c　劇物に指定されている。

	a	b	c
1	正	正	正
2	正	正	誤
3	誤	正	誤
4	誤	誤	正

(44) 炭酸バリウムに関する記述の正誤について、正しい組合せはどれか。

a　白色の粉末である。
b　エタノールによく溶ける。
c　化学式は $Ba(OH)_2$ である。

	a	b	c
1	正	正	誤
2	正	誤	誤
3	誤	正	正
4	誤	誤	誤

(45) 重クロム酸アンモニウムに関する記述の正誤について、正しい組合せはどれか。

a　橙赤色の結晶である。
b　化学式は $(NH_4)_2Cr_2O_7$ である。
c　劇物に指定されている。

	a	b	c
1	正	正	正
2	正	誤	誤
3	正	誤	正
4	誤	正	正

問10　次の(46)〜(50)の問に答えなさい。

(46) 次の記述の（①）〜（③）にあてはまる字句として、正しい組合せはどれか。

> 燐化水素は（　①　）の臭いを有する（　②　）である。（　③　）とも呼ばれる。

	①	②	③
1	フェノール様	気体	テトラエチルピロホスフェイト
2	フェノール様	液体	ホスフィン
3	腐った魚	液体	テトラエチルピロホスフェイト
4	腐った魚	気体	ホスフィン

(47) 次の記述の（①）〜（③）にあてはまる字句として、正しい組合せはどれか。

> 五塩化アンチモンは淡黄色の（　①　）であり、多量の水に触れると激しく反応し、（　②　）の気体を発生する。最も適切な廃棄方法は（　③　）である。

	①	②	③
1	液体	塩化水素	沈殿法
2	液体	硫化水素	中和法
3	固体	硫化水素	沈殿法
4	固体	塩化水素	中和法

(48)　次の記述の（①）～（③）にあてはまる字句として、正しい組合せはどれか。

> 　二硫化炭素は（　①　）液体であり、比重は水より（　②　）。（　③　）に用いられる。

	①	②	③
1	引火性のある	小さい	漂白
2	引火性のある	大きい	ゴム製品の接合
3	不燃性の	大きい	漂白
4	不燃性の	小さい	ゴム製品の接合

(49)　次の記述の（①）～（③）にあてはまる字句として、正しい組合せはどれか。

> 　硅弗化ナトリウムは（　①　）の固体であり、化学式は（　②　）である。（　③　）として用いられる。

	①	②	③
1	黄橙色	$NaBF_4$	釉薬
2	黄橙色	Na_2SiF_6	冷凍用寒剤
3	白色	Na_2SiF_6	釉薬
4	白色	$NaBF_4$	冷凍用寒剤

(50)　次の記述の（①）～（③）にあてはまる字句として、正しい組合せはどれか。

> 　アリルアルコールは水に（　①　）。化学式は（　②　）である。毒物及び劇物取締法により（　③　）に指定されている。

	①	②	③
1	よく溶ける	$C_3H_6Cl_2O$	劇物
2	よく溶ける	C_3H_6O	毒物
3	ほとんど溶けない	C_3H_6O	劇物
4	ほとんど溶けない	$C_3H_6Cl_2O$	毒物

（農業用品目）

問8　次は、ジメチルジチオホスホリルフェニル酢酸エチル（PAP、フェントエート
とも呼ばれる。）に関する記述である。(36)～(40)の問に答えなさい。

> ジメチルジチオホスホリルフェニル酢酸エチル（PAP、フェントエートとも呼
> ばれる。）は、（　①　）油状の液体である。ジメチルジチオホスホリルフェニル
> 酢酸エチルを含有する製剤は、毒物及び劇物取締法により（　②　）に指定され
> ている。本品は、（　③　）の農薬として、主に（　④　）として用いられる。
> 最も適切な廃棄方法は（　⑤　）である。

(36)（　①　）にあてはまるものはどれか。

　　1　無色　　　2　赤褐色　　　3　白色　　　4　暗青緑色

(37)（　②　）にあてはまるものはどれか。

　　1　毒物
　　2　3％を超えて含有するものは毒物、3％以下を含有するものは劇物
　　3　3％以下を含有するものを除き、劇物
　　4　劇物

(38)（　③　）にあてはまるものはどれか。

　　1　有機燐系　　　　　　2　ピレスロイド系
　　3　カーバメート系　　　4　有機塩素系

(39)（　④　）にあてはまるものはどれか。

　　1　除草剤　　　2　植物成長調整剤　　　3　殺鼠剤　　　4　殺虫剤

(40)（　⑤　）にあてはまるものはどれか。

　　1　酸化法　　　2　中和法　　　3　還元法　　　4　燃焼法

問9　次の(41)～(45)の問に答えなさい。

(41) 次の記述の（①）及び（②）にあてはまる字句として、正しい組合せはどれか。

> クロルピクリンは、毒物及び劇物取締法により（　①　）に指定されている。
> 農薬としての用途は（　②　）である。

	①	②
1	劇物	除草剤
2	劇物	土壌燻蒸剤
3	毒物	土壌燻蒸剤
4	毒物	除草剤

(42) 次の記述の(①)及び(②)にあてはまる字句として、正しい組合せはどれか。

1，3－ジカルバモイルチオ－2－（N,N －ジメチルアミノ）－プロパン塩酸塩（カルタップとも呼ばれる。）は、（ ① ）である。 1，3－ジカルバモイルチオ－2－（N,N －ジメチルアミノ）－プロパン塩酸塩を含有する製剤は、毒物及び劇物取締法により、（ ② ）％以下を含有するものを除き、劇物に指定されている。

	①	②
1	無色又は白色の固体	2
2	無色又は白色の固体	5
3	赤色又は橙赤色の固体	5
4	赤色又は橙赤色の固体	2

(43) 次の記述の(①)及び(②)にあてはまる字句として、正しい組合せはどれか。

塩素酸ナトリウムは、毒物及び劇物取締法により（ ① ）に指定されている。農薬としての用途は（ ② ）である。

	①	②
1	劇物	除草剤
2	劇物	殺菌剤
3	毒物	殺菌剤
4	毒物	除草剤

(44) 次の記述の(①)及び(②)にあてはまる字句として、正しい組合せはどれか。

2，2'－ジピリジリウム－1，1'－エチレンジブロミド（ジクワットとも呼ばれる。）は、（ ① ）であり、最も適切な廃棄方法は（ ② ）である。

	①	②
1	淡黄色の固体	燃焼法
2	無色透明の液体	燃焼法
3	無色透明の液体	中和法
4	淡黄色の固体	中和法

(45) 次の記述の（ ① ）及び（ ② ）にあてはまる字句として、正しい組合せはどれか。

> 　2，2－ジメチル－2，3－ジヒドロ－1－ベンゾフラン－7－イル＝N－［N－（2－エトキシカルボニルエチル）－N－イソプロピルスルフェナモイル］－N－メチルカルバマート（別名：ベンフラカルブ）は、（ ① ）％以下を含有するものを除き、劇物に指定されており、（ ② ）の殺虫剤の成分である。

	①	②
1	6	カーバメイト系
2	6	ネオニコチノイド系
3	3	カーバメイト系
4	3	ネオニコチノイド系

（特定品目）

問9　次の(41)～(45)の問に答えなさい。

(41) 次の記述の（ ① ）～（ ③ ）にあてはまる字句として、正しい組合せはどれか。

> 　硅弗化ナトリウムは、（ ① ）の結晶で、水に（ ② ）。（ ③ ）と接触すると弗化水素ガス及び四弗化硅素ガスを発生する。

	①	②	③
1	白色	溶けやすい	アルカリ
2	白色	溶けにくい	酸
3	青色	溶けにくい	アルカリ
4	青色	溶けやすい	酸

(42)　次の記述の（ ① ）～（ ③ ）にあてはまる字句として、正しい組合せはどれか。

> 　塩素は、（ ① ）の気体で、（ ② ）。強い（ ③ ）作用を示す。

	①	②	③
1	無色	臭いはない	酸化
2	無色	刺激臭がある	還元
3	黄緑色	臭いはない	還元
4	黄緑色	刺激臭がある	酸化

(43) 次の記述の（①）～（③）にあてはまる字句として、正しい組合せはどれか。

アンモニアは、刺激臭のある無色の（　①　）であり、水に（　②　）。最も適切な廃棄方法は、（　③　）である。

	①	②	③
1	気体	溶けにくい	アルカリ法
2	気体	溶けやすい	中和法
3	液体	溶けにくい	中和法
4	液体	溶けやすい	アルカリ法

(44) 次の記述の（①）～（③）にあてはまる字句として、正しい組合せはどれか。

メチルエチルケトンの化学式は（　①　）である。（　②　）で、水に（　③　）。

	①	②	③
1	$CH_3COC_2H_5$	無色の固体	溶けやすい
2	$CH_3COC_2H_5$	白色の固体	ほとんど溶けない
3	$CH_3COOC_2H_5$	白色の固体	溶けやすい
4	$CH_3COOC_2H_5$	無色の固体	ほとんど溶けない

(45) 次の記述の（①）～（③）にあてはまる字句として、正しい組合せはどれか。

メタノールは、（　①　）無色透明の液体であり、（　②　）。水に（　③　）。

	①	②	③
1	不燃性の	無臭である	溶けやすい
2	不燃性の	特有の臭いがある	溶けにくい
3	引火性がある	無臭である	溶けにくい
4	引火性がある	特有の臭いがある	溶けやすい

問題〔実地〕編

東京都
平成 27 年度実施

〔実　地〕

（一般）

問 11　次の(51)～(55)の毒物又は劇物の性状等に関する記述のうち、正しいものはどれか。

(51)　キシレン

1　暗赤色の光沢を有する固体である。殺鼠（そ）剤として用いられる。
2　無色透明の液体である。溶剤として用いられる。
3　無色の可燃性の気体である。合成化学工業でアルキル化剤として用いられる。
4　白色の固体である。染料の原料として用いられる。

(52)　水素化砒（ひ）素

1　無色透明の揮発性の液体であり、水、クロロホルムなどに可溶である。
2　無色のニンニク臭を有する気体であり、可燃性がある。
3　無色の吸湿性の結晶であり、強熱されると酸化砒（ひ）素(V)を発生させる。
4　褐色の無定形粉末であり、水に不溶である。

(53)　S－メチル－N－〔(メチルカルバモイル)－オキシ〕－チオアセトイミデート（別名：メトミル）

1　白色の結晶性固体で弱い硫黄臭がある。殺虫剤として用いられる。
2　無色透明の揮発性の液体である。ゴム製品の接合作業に用いられる。
3　茶褐色の粉末である。酸化剤として使用されるほか、電池の製造に用いられる。
4　橙赤色の柱状結晶で水に溶けやすい。工業用に酸化剤として用いられる。

(54)　硫化カドミウム

1　無色の結晶である。水溶液は酸性でガラスを侵す。
2　刺激臭を有する気体である。水に溶かすとアルカリ性を示す。
3　黄橙色の粉末である。水にほとんど溶けない。
4　無色のやや粘稠（ちゅう）な液体で、アンモニア臭がある。水、エタノールに可溶である。

(55)　ジボラン

1　無色または黄褐色の液体である。消毒剤として用いられる。
2　無色の粘性液体である。洗浄剤として用いられる。
3　無色の結晶で風解性をもつ。木、コルク、綿、藁（わら）製品等の漂白剤として用いられる。
4　無色のビタミン臭のある気体である。特殊材料ガスとして用いられる。

問 12 次の(56)～(60)の毒物又は劇物の性状等に関する記述のうち、正しいものはどれか。

(56) 沃化メチル

1 無色の刺激臭のある気体である。可燃性がある。
2 銀白色の金属光沢のある液体である。多くの金属とアマルガムを作る。
3 橙黄色の結晶である。水によく溶ける。
4 無色から褐色の液体である。光により一部分解する。

(57) 燐化水素

1 黒褐色の固体である。ウラリとも呼ばれる。
2 無色の揮発性液体である。トリクロロメタンとも呼ばれる。
3 無色の気体で腐った魚の臭いがある。ホスフィンとも呼ばれる。
4 白色から灰白色の固体である。ダゾメットとも呼ばれる。

(58) 塩基性炭酸銅

1 緑色の結晶性粉末である。酸、アンモニア水には溶けやすいが、水にはほとんど溶けない。
2 無色の結晶である。水によく溶け、多量の水で分解される。
3 無色の刺激臭のある気体である。水によく溶ける。
4 無色の液体である。エタノール、エーテルに可溶である。

(59) 塩素酸カリウム

1 黒紫色の固体である。殺菌剤として用いられる。
2 無色又は白色の固体である。爆発物の製造に用いられる。
3 無色の液体である。高吸水性樹脂の製造原料に用いられる。
4 無色の気体である。冷凍剤に用いられる。

(60) トリクロロシラン

1 白色の粉末である。化学式は $NaClO_2$ である。
2 刺激臭のある無色の液体である。化学式は $SiHCl_3$ である。
3 無色の気体である。化学式は CH_3Cl である。
4 無色の結晶である。化学式は CCl_3COOH である。

問 13 4つの容器にA～Dの物質が入っている。それぞれの物質は、無水クロム酸、ナトリウム、硼弗化水素酸、クロロプレンのいずれかであり、それぞれの性状等は次の表のとおりである。(61)～(65)の問に答えなさい。

物質	性　状　等
A	無色の揮発性液体で重合性を有する。水に溶けにくく、多くの有機溶剤に可溶である。
B	金属光沢をもつ銀白色の柔らかい固体である。水と激しく反応するため石油中で保管する。
C	暗赤色の針状結晶で潮解性がある。強い酸化剤である。
D	無色透明の液体で特有の刺激臭がある。水に溶けやすく、ガラスを腐食する。

(61)　A〜Dにあてはまる物質について、正しい組合せはどれか。

	A	B	C	D
1	クロロプレン	ナトリウム	無水クロム酸	硼弗化水素酸
2	クロロプレン	無水クロム酸	ナトリウム	硼弗化水素酸
3	硼弗化水素酸	ナトリウム	無水クロム酸	クロロプレン
4	硼弗化水素酸	無水クロム酸	ナトリウム	クロロプレン

(62)　物質Aの化学式として、正しいものはどれか。

1　HBF_4　　2　$CH_2 = CCl - CH = CH_2$　　3　BF_3　　4　$ClCH_2COCl$

(63)　物質Bと同様に、通常、石油中で保管する物質として、正しいものはどれか。

1　クロロホルム　　　　　　2　二硫化炭素
3　カリウム　　　　　　　　4　水酸化ナトリウム

(64)　物質Cの「廃棄方法」として、最も適切なものはどれか。

1　アフターバーナーおよびスクラバーを具備した焼却炉で焼却する。
2　希硫酸に溶かし、還元剤の水溶液を過剰に用いて還元した後、消石灰、ソーダ灰等の水溶液で処理し、ろ過する。溶出試験を行い、溶出量が判定基準以下であることを確認して埋立処分する。
3　多量の塩化カルシウム水溶液に攪拌しながら少量ずつ加え、数時間加熱攪拌する。ときどき消石灰水溶液を加えて中和し、もはや溶液が酸性を示さなくなるまで加熱し、沈殿ろ過して埋立処分する。
4　水を加えて希薄な水溶液とし、酸で中和させた後、多量の水で希釈して処理する。

(65)　物質A〜Dに関する毒物及び劇物取締法上の規制区分について、正しいものはどれか。

1　すべて毒物である。
2　物質A、Bは毒物、物質C、Dは劇物である。
3　物質C、Dは毒物、物質A、Bは劇物である。
4　すべて劇物である。

問14　あなたの店舗では硝酸を取り扱っています。次の（66）〜（70）の問に答えなさい。

(66)　「性状や規制区分等について教えてください。」という質問を受けました。質問に対する回答の正誤について、正しい組合せはどれか。

a　刺激臭があります。
b　水に溶けません。
c　濃度にかかわらず劇物に指定されています。

	a	b	c
1	正	正	誤
2	正	誤	誤
3	誤	正	誤
4	誤	誤	正

(67)　「人体に対する影響や応急措置について教えてください。」という質問を受けました。質問に対する回答の正誤について、正しい組合せはどれか。

	a	b	c
a　皮膚に触れた場合、皮膚の炎症を起こすことがあります。			
b　目に入った場合は、直ちに多量の水で15分間以上洗い流してください。			
c　吸入すると、肺水腫を起こすことがあります。			

	a	b	c
1	正	正	正
2	正	正	誤
3	正	誤	正
4	誤	正	正

(68)　「取扱いの注意事項について教えてください。」という質問を受けました。質問に対する回答の正誤について、正しい組合せはどれか。

a　ガラスを激しく腐食するので、ガラス容器を避けて保管してください。

b　熱源や着火源から離れた通風のよい乾燥した冷暗所に保管してください。

c　有機化合物と激しく反応して、火災が発生したり爆発することがありますので、接触させないでください。

	a	b	c
1	正	正	誤
2	正	誤	誤
3	誤	正	正
4	誤	誤	正

(69)　「性質について教えてください。」という質問を受けました。質問に対する回答の正誤について、正しい組合せはどれか。

a　金や白金と反応して水素ガスを発生します。

b　加熱すると分解して有害な酸化窒素ガスを発生します。

c　湿った空気に接すると刺激性白霧を発生します。

	a	b	c
1	正	正	正
2	正	誤	正
3	誤	正	正
4	誤	正	誤

(70)　「廃棄方法について教えてください。」という質問を受けました。質問に対する回答として、最も適切なものはどれか。

1　多量の次亜塩素酸ナトリウム水溶液を用いて酸化分解します。

2　希硫酸に溶かし、還元剤の水溶液を過剰に用いて還元した後、消石灰、ソーダ灰等の水溶液で処理し、ろ過します。溶出試験を行い、溶出量が判定基準以下であることを確認して埋立処分します。

3　徐々にソーダ灰又は消石灰の攪拌溶液に加えて中和させた後、多量の水で希釈して処理します。

4　焼却炉の火室へ噴霧し焼却します。

問15　4つの容器にA～Dの物質が入っている。それぞれの物質は、アクロレイン、五酸化バナジウム、ジクワット、ダイアジノンのいずれかであり、それぞれの性状及び性質は次の表のとおりである。(71)～(75)の問に答えなさい。

物質	性　状　・　性　質
A	淡黄色の固体であり、水に溶けやすい。アルカリ性で不安定である。
B	無色油状の液体であり、水にほとんど溶けない。
C	無色の液体であり、水に溶けやすい。アルカリ性で激しく反応し重合する。
D	黄色から赤色の固体であり、水に溶けにくい。

ジクワット　：2，2'-ジピリジリウム-1，1'-エチレンジブロミド

ダイアジノン：2-イソプロピル-4-メチルピリミジル-6-ジエチルチオホスフェイト

(71)　A～Dにあてはまる物質について、正しい組合せはどれか。

	A	B	C	D
1	ジクワット	ダイアジノン	アクロレイン	五酸化バナジウム
2	ジクワット	ダイアジノン	五酸化バナジウム	アクロレイン
3	ダイアジノン	ジクワット	五酸化バナジウム	アクロレイン
4	ダイアジノン	ジクワット	アクロレイン	五酸化バナジウム

(72)　物質Aを含有する製剤の主な用途として、正しいものはどれか。

　　1　殺菌剤　　　　2　除草剤　　　　3　殺虫剤　　　　4　植物成長調整剤

(73)　物質Bの中毒の際に用いる解毒剤として、正しいものはどれか。

　　1　メチレンブルー
　　2　チオ硫酸ナトリウム
　　3　ジメルカプロール(BALとも呼ばれる。)
　　4　2－ピリジルアルドキシムメチオダイド(別名：PAM)製剤又は硫酸アトロピン製剤

(74)　物質Cの化学式として、正しいものはどれか。

1
As_2O_5

2
V_2O_5

3
$CH_2 = CH\text{-}CONH_2$

4
$CH_2 = CH\text{-}CHO$

(75)　物質Dの性質等に関する記述の正誤について、正しい組合せはどれか。

　　a　可燃性である。
　　b　酸やアルカリに溶けない。
　　c　酸化反応で触媒として働く。

	a	b	c
1	正	正	誤
2	正	誤	正
3	誤	正	誤
4	誤	誤	正

（農業用品目）

問10　次の(46)～(50)の記述にあてはまる農薬の成分を次の【選択肢】からそれぞれ選びなさい。

(46)　劇物に指定されている。60％含有の水溶剤、50％含有の粒剤が市販されている。一年生及び多年生雑草に適用される非選択性の接触型除草剤の成分である。

(47)　1％以下を含有するものを除き、劇物に指定されている。5％含有の乳剤、10％含有の水和剤等が市販されている。かんきつのアブラムシ類や桃のシンクイムシ類等の駆除に用いられるピレスロイド系殺虫剤の成分である。

(48)　6％以下を含有するものを除き、劇物に指定されている。8％含有の粒剤が市販されている。水稲(箱育苗)のニカメイチュウやイネミズゾウムシ等に適用されるカーバメート系殺虫剤の成分である。

(49) 1％以下を含有し、黒色に着色され、かつ、トウガラシエキスを用いて著しくからく着味されているものを除き、劇物に指定されている。3％含有の粒剤が市販されている。野ねずみに適用される殺鼠剤の成分である。

(50) 2％以下を含有するものを除き、劇物に指定されている。50％含有の乳剤、3％含有の粉粒剤が市販されている。樹木類のカイガラムシ類やキャベツのネキリムシ類等の駆除に用いられる有機燐系殺虫剤の成分である。

【選択肢】
1　2, 2-ジメチル-2, 3-ジヒドロ-1-ベンゾフラン-7-イル＝N-
　　［N-（2-エトキシカルボニルエチル）-N-イソプロピルスルフェナモイル］
　　-N-メチルカルバマート（別名：ベンフラカルブ）
2　(RS)-シアノ-（3-フェノキシフェニル）メチル＝2, 2, 3, 3-テトラ
　　メチルシクロプロパンカルボキシラート（別名：フェンプロパトリン）
3　燐化亜鉛
4　塩素酸ナトリウム
5　ジエチル-（5-フェニル-3-イソキサゾリル）-チオホスフェイト
　　（別名：イソキサチオン）

問11　4つの容器に A ～ D の物質が入っている。それぞれの物質は、農薬の成分のカルボスルファン、ジクワット、ダイアジノン、NAC のいずれかであり、それぞれの性状・性質及び用途は次の表のとおりである。
　　　(51)～(55)の問に答えなさい。

物質	性状・性質	用途
A	白色又は淡黄褐色の固体である。有機溶媒に溶けやすく、水に極めて溶けにくい。アルカリに不安定である。	日本なしのクワコナカイガラムシ、みかんのミカンナガタマムシ等の殺虫剤、りんごの摘果剤として用いられる。
B	淡黄色の固体で、水に溶けやすい。	除草剤として用いられる。
C	褐色の粘稠液体である。水に溶けにくい。	水稲(箱育苗)のイネミズゾウムシ等の殺虫剤として用いられる。
D	無色の液体で、水にほとんど溶けない。	キャベツ及びほうれん草のアブラムシ類、すいか及びメロンのハダニ類等の殺虫剤として用いられる。

カルボスルファン　：2, 3-ジヒドロ-2, 2-ジメチル-7-ベンゾ〔b〕フラニル-N-ジブチルアミノチオ
　　　　　　　　　　　-N-メチルカルバマート
ジクワット　　　　：2, 2'-ジピリジリウム-1, 1'-エチレンジブロミド
ダイアジノン　　　：2-イソプロピル-4-メチルピリミジル-6-ジエチルチオホスフェイト
NAC　　　　　　　：N-メチル-1-ナフチルカルバメート(カルバリルとも呼ばれる。)

(51) A～Dにあてはまる物質について、正しい組合せはどれか。

	A	B	C	D
1	NAC	ジクワット	カルボスルファン	ダイアジノン
2	NAC	カルボスルファン	ジクワット	ダイアジノン
3	ダイアジノン	ジクワット	カルボスルファン	NAC
4	ダイアジノン	カルボスルファン	ジクワット	NAC

(52) 物質Aの中毒時の解毒に用いられる物質として、正しいものはどれか。
1　L－システイン　　2　ジメルカプロール（BALとも呼ばれる。）
3　硫酸アトロピン　　4　ビタミンK₁

(53) 物質Bの廃棄方法として、最も適切なものはどれか。
1　セメントを用いて固化し、埋立処分する。
2　木粉（おが屑）等に吸収させてアフターバーナー及びスクラバーを具備した焼却炉で焼却する。
3　そのまま再利用するため蒸留する。
4　チオ硫酸ナトリウムの水溶液に希硫酸を加えて酸性にし、この中に少量ずつ投入する。反応終了後、反応液を中和し多量の水で希釈して処理する。

(54) 物質Cの化学式として、正しいものはどれか。

(55) 物質Dを含有する製剤の毒物及び劇物取締法上の規制区分について、正しいものはどれか。
1　毒物に指定されている。
2　毒物に指定されている。ただし、5％(マイクロカプセル製剤にあっては、25％)以下を含有するものは劇物に指定されている。
3　劇物に指定されている。
4　劇物に指定されている。ただし、5％(マイクロカプセル製剤にあっては、25％)以下を含有するものは除く。

問12　あなたの店舗では、1，3－ジカルバモイルチオ－2－（N，N－ジメチルアミノ）－プロパン塩酸塩（カルタップとも呼ばれる。）のみを有効成分として含有する農薬を取り扱っています。
(56)～(60)の問に答えなさい。

(56) この農薬の主な用途として、正しいものはどれか。
1　土壌燻蒸剤　　2　殺虫剤　　3　除草剤　　4　植物成長調整剤

(57)　カルタップの化学式として、正しいものはどれか。

1

$$[CH_3-N^+{=}{=}N^+-CH_3] \bullet 2Cl^-$$

（ビピリジニウム構造図）

2

$$\left[HN\!\!\diagdown\!\!\diagup N\!\!-\!\!\bigcirc\!\!-OCH_3 \right] \bullet HCl$$

（ピペラジン構造図）

3

$$\begin{matrix} CH_3 \\ \\ CH_3 \end{matrix}\!\!N\!-\!CH\!\begin{matrix} CH_2SCONH_2 \\ \\ CH_2SCONH_2 \end{matrix} \quad \bullet HCl$$

4

（Cl-ピリジン-イミダゾリジン N-NO$_2$ 構造図）

(58)　カルタップの性状として、正しいものはどれか。
　　1　赤色又は赤褐色の固体　　　2　無色又は白色の固体
　　3　無色透明の液体　　　　　　4　黄褐色の液体

(59)　カルタップの廃棄方法として、最も適切なものはどれか。
　　1　そのままあるいは水に溶解して、スクラバーを具備した焼却炉の火室へ噴霧し、焼却する。
　　2　多量の水で希釈し、希塩酸を加えて中和後、活性汚泥で処理する。
　　3　徐々に石灰乳等の攪拌溶液に加え中和させた後、多量の水で希釈して処理する。
　　4　水に溶かし、硫酸第一鉄の水溶液を加えて処理し、沈殿ろ過して埋立処分する。

(60)　カルタップを含有する製剤の毒物及び劇物取締法上の規制区分について、正しいものはどれか。
　　1　毒物に指定されている。
　　2　毒物に指定されている。ただし、2％以下を含有するものは劇物に指定されている。
　　3　劇物に指定されている。
　　4　劇物に指定されている。ただし、2％以下を含有するものは除く。

（特定品目）

問10　4つの容器にA～Dの物質が入っている。それぞれの物質は、クロム酸カリウム、メチルエチルケトン、硅弗化ナトリウム、硫酸のいずれかであり、それぞれの性状・性質及び廃棄方法の例は次の表のとおりである。(46)～(50)の問に答えなさい。

物質	性状・性質	廃 棄 方 法 の 例
A	黄色の固体で、水によく溶ける。	希硫酸に溶かし、硫酸第一鉄等の水溶液を過剰に用いて還元する。消石灰等の水溶液で処理し、沈殿ろ過する。溶出試験を行い、溶出量が判定基準以下であることを確認して埋立処分する。
B	白色の固体で、水に溶けにくい。	水に溶かし、消石灰等の水溶液を加えて処理した後、希硫酸を加えて中和し、沈殿ろ過して埋立処分する。
C	無色の液体で、アセトン様の芳香がある。極めて引火しやすい。	焼却炉の火室へ噴霧して焼却する。
D	無色透明の油状の液体で、臭いはない。水と接触すると発熱する。	徐々に石灰乳等の攪拌溶液に加え中和させた後、多量の水で希釈して処理する。

(46)　A～Dにあてはまる物質について、正しい組合せはどれか。

	A	B	C	D
1	クロム酸カリウム	硅弗化ナトリウム	メチルエチルケトン	硫酸
2	クロム酸カリウム	硅弗化ナトリウム	硫酸	メチルエチルケトン
3	硅弗化ナトリウム	クロム酸カリウム	硫酸	メチルエチルケトン
4	硅弗化ナトリウム	クロム酸カリウム	メチルエチルケトン	硫酸

(47)　物質Aの化学式として、正しいものはどれか。

　　1　Na_2SiF_6　　　2　$Na_2(COO)_2$　　　3　$PbCrO_4$　　　4　K_2CrO_4

(48)　物質Bに関する記述として、正しいものはどれか。
　　1　加熱分解により、酸化クロムを発生することがある。
　　2　加熱分解により、一酸化炭素を発生することがある。
　　3　加熱分解により、四弗化硅素を発生することがある。
　　4　加熱分解により、ホスゲンを発生することがある。

(49)　物質Cに関する記述として、正しいものはどれか。
　　1　ガラスを激しく腐食する。
　　2　強酸化剤と接触すると激しく反応して発火するおそれがある。
　　3　加熱すると硫黄酸化物を発生する。
　　4　10％を含有する製剤は劇物である。

(50) 物質Dに関する記述の正誤について、正しい組合せはどれか。

a　5％を含有する製剤は劇物である。
b　比重は水より大きい。
c　金属と反応して水素ガスを発生することがある。

	a	b	c
1	正	誤	正
2	正	誤	誤
3	誤	正	正
4	誤	正	誤

問 11　次は、過酸化水素及び過酸化水素水に関する記述である。(51)〜(55)の問に答えなさい。

(51)　次の記述の（①）〜（③）にあてはまる字句として、正しい組合せはどれか。

> 過酸化水素の化学式は、（①）である。過酸化水素水は、（②）の液体であり、分解すると（③）と水を生じる。

	①	②	③
1	NH_3	赤褐色	酸素
2	NH_3	無色	窒素
3	H_2O_2	赤褐色	窒素
4	H_2O_2	無色	酸素

(52)　過酸化水素水(過酸化水素 35 ％を含む水溶液)の性質に関する記述について、正しいものはどれか。

1　酸化、還元の両作用を有している。
2　強アルカリ性を示す。
3　金属に対して安定である。
4　麻酔性が強い。

(53)　次の a 〜 d のうち、過酸化水素水(過酸化水素 35 ％を含む水溶液)の主な用途はどれか。正しいものの組合せを選びなさい。

a　漂白剤　　　b　界面活性剤　　　c　洗浄剤　　　d　アルキル化剤

1　a、b　　　　2　a、c　　　　3　b、d　　　　4　c、d

(54)　過酸化水素水(過酸化水素 35 ％を含む水溶液)の廃棄方法として、最も適切なものはどれか。

1　ナトリウム塩とした後、活性汚泥法で処理する。
2　硅そう土等に吸収させて開放型の焼却炉で焼却する。
3　多量の水で希釈して処理する。
4　そのまま再生利用するため蒸留する。

(55) 次の a ～ d の過酸化水素水のうち、劇物に該当するものとして、正しいものは
どれか。

  a　過酸化水素を 30 ％含有する水溶液
  b　過酸化水素を 10 ％含有する水溶液
  c　過酸化水素を 5 ％含有する水溶液
  d　過酸化水素を 3 ％含有する水溶液

  1　a のみ
  2　a、b のみ
  3　a、b、c のみ
  4　a、b、c、d すべて

問 12　あなたの店舗では硝酸を取り扱っています。次の（56）～（60）の問に答えな
さい。

(56)　「性状や規制区分等について教えてください。」という質問を受けました。質
問に対する回答の正誤について、正しい組合せはど
れか。

  a　刺激臭があります。
  b　水に溶けません。
  c　濃度にかかわらず劇物に指定されています。

	a	b	c
1	正	正	誤
2	正	誤	誤
3	誤	正	誤
4	誤	誤	正

(57)　「人体に対する影響や応急措置について教えてください。」という質問を受け
ました。質問に対する回答の正誤について、正しい組合せはどれか。

  a　皮膚に触れた場合、皮膚の炎症を起こすことがあ
ります。
  b　目に入った場合は、直ちに多量の水で 15 分間以上
洗い流してください。
  c　吸入すると、肺水腫を起こすことがあります。

	a	b	c
1	正	正	正
2	正	正	誤
3	正	誤	正
4	誤	正	正

(58)　「取扱いの注意事項について教えてください。」という質問を受けました。質
問に対する回答の正誤について、正しい組合せはどれか。

  a　ガラスを激しく腐食するので、ガラス容器を避け
て保管してください。
  b　熱源や着火源から離れた通風のよい乾燥した冷暗
所に保管してください。
  c　有機化合物と激しく反応して、火災が発生したり
爆発することがありますので、接触させないでくだ
さい。

	a	b	c
1	正	正	誤
2	正	誤	誤
3	誤	正	正
4	誤	誤	正

(59)　「性質について教えてください。」という質問を受けました。質問に対する回
答の正誤について、正しい組合せはどれか。

  a　金や白金と反応して水素ガスを発生します。
  b　加熱すると分解して有害な酸化窒素ガスを発生し
ます。
  c　湿った空気に接すると刺激性白霧を発生します。

	a	b	c
1	正	正	正
2	正	誤	正
3	誤	正	正
4	誤	正	誤

(60)　「廃棄方法について教えてください。」という質問を受けました。質問に対する回答として、最も適切なものはどれか。

1　多量の次亜塩素酸ナトリウム水溶液を用いて酸化分解します。

2　希硫酸に溶かし、還元剤の水溶液を過剰に用いて還元した後、消石灰、ソーダ灰等の水溶液で処理し、ろ過します。溶出試験を行い、溶出量が判定基準以下であることを確認して埋立処分します。

3　徐々にソーダ灰又は消石灰の攪拌溶液に加えて中和させた後、多量の水で希釈して処理します。

4　焼却炉の火室へ噴霧し焼却します。

東京都
平成 28 年度実施

〔実　地〕

（一般）

問 11　次の(51)～(55)の毒物又は劇物の性状等に関する記述のうち、正しいものはどれか。

(51)　オルトケイ酸テトラメチル

　　1　橙赤色の固体である。酸化剤として用いられる。
　　2　無色の液体である。高純度合成シリカ原料として用いられる。
　　3　無色のビタミン臭のある気体である。特殊材料ガスとして用いられる。
　　4　無色又は白色の固体である。爆発物の製造に用いられる。

(52)　過酸化ナトリウム

　　1　無色の液体である。合成繊維、合成ゴム、合成樹脂の原料として用いられる。
　　2　純粋なものは白色だが、一般には淡黄色の固体である。漂白剤として用いられる。

　　3　腐ったキャベツ様の臭気のある気体である。付臭剤として用いられる
　　4　茶褐色の固体である。酸化剤として使用されるほか、電池の製造に用いられる。

(53)　三塩化アンチモン

　　1　無色の液体で刺激臭がある。化学式は PCl_3 である。
　　2　黄色又は赤黄色の固体であり、水にほとんど溶けない。化学式は $PbCrO_4$ である。
　　3　無色の気体で刺激臭があり、不燃性である。化学式は BF_3 である。
　　4　無色から淡黄色の固体であり、強い潮解性がある。化学式は $SbCl_3$ である。

(54)　アニリン

　　1　無色又は淡黄色の液体で特有の臭気がある。空気に触れると赤褐色になる。
　　2　銀白色の重い液体である。ナトリウムと合金をつくる。
　　3　無色の気体で腐った魚の臭いがする。酸素及びハロゲンと激しく結合する。
　　4　白色の固体である。空気に触れると、水分を吸収して潮解する。

(55)　塩化ホスホリル

　　1　黄色から赤色の重い固体である。水に極めて溶けにくい。
　　2　無色の固体である。水に極めて溶けやすい。
　　3　緑色の結晶性粉末である。酸、アンモニア水には溶けやすいが、水にはほとんど溶けない。
　　4　無色の液体で刺激臭がある。水と反応し、塩酸を生成する。

問 12 次の(56)～(60)の毒物又は劇物の性状等に関する記述のうち、正しいものはどれか。

(56) ヘキサメチレンジイソシアナート

   1 無色の固体である。電気めっきの材料として用いられる。
   2 無色の液体である。コーティング加工用樹脂の原料として用いられる。
   3 無色のニンニク臭のある気体である。半導体の製造原料として用いられる。
   4 黒灰色の固体である。分析用試薬として用いられる。

(57) エチレンオキシド

   1 無色又は白色の固体である。紙力増強剤として用いられる。
   2 淡黄色の結晶性粉末で硫化水素臭がある。医薬品の製造に用いられる。
   3 刺激臭を有する赤褐色の液体である。化学合成繊維の難燃剤として用いられる。
   4 無色の気体である。殺菌剤として用いられる。

(58) ニコチン

   1 無色又は白色の固体である。日光や高温により重合分解し、アンモニアを発生する。
   2 刺激臭を有する気体である。水に溶かすと強アルカリ性を示す。
   3 青緑色の結晶である。潮解性を有する。
   4 無色の油状液体である。光及び空気により分解し、褐色に変化する。

(59) 三塩化硼素

   1 黄色から赤色の固体である。酸化反応で触媒として働く。
   2 白色の固体である。アルコールに溶けない。
   3 揮発性のある無色の液体である。アルコール、エーテルに溶ける。
   4 無色の気体で、干し草のような臭いがある。水と反応して塩化水素ガスを発生する。

(60) 酸化カドミウム(Ⅱ)

   1 無色又は淡黄色の液体である。酸化剤として用いられる。
   2 無色の固体である。木や藁の漂白剤として用いられる。
   3 赤褐色の粉末である。安定剤の原料として用いられる。
   4 エーテル様の臭いを有する無色の気体である。発泡剤の原料として用いられる。

問 13 4つの容器に A ～ D の物質が入っている。それぞれの物質は、塩化第一銅、カリウム、重クロム酸アンモニウム、弗化水素酸のいずれかであり、それぞれの性状等は次の表のとおりである。(61)～(65)の問に答えなさい。

物質	性　状　等
A	白色又は灰白色の固体である。水に極めて溶けにくく、塩酸、アンモニア水に溶ける。
B	金属光沢をもつ銀白色の柔らかい固体である。
C	橙赤色の結晶である。水に溶けやすく、酸化性がある。
D	無色の液体で刺激臭を有する。水に極めて溶けやすい。

(61)　A～Dにあてはまる物質について、正しい組合せはどれか。

	A	B	C	D
1	塩化第一銅	カリウム	重クロム酸アンモニウム	弗化水素酸
2	塩化第一銅	弗化水素酸	重クロム酸アンモニウム	カリウム
3	重クロム酸アンモニウム	弗化水素酸	塩化第一銅	カリウム
4	重クロム酸アンモニウム	カリウム	塩化第一銅	弗化水素酸

(62)　物質Aの化学式として、正しいものはどれか。

　　1　$(NH_4)_2Cr_2O_7$　　2　$Cu(NO_3)_2 \cdot 3H_2O$　　　3　$CuCl$　　　4　$PbCl_2$

(63)　物質Bの保管方法として、最も適切なものはどれか。
　　1　急熱や衝撃により爆発することがあるため、水中に沈めて保管する。
　　2　ガラスを侵す性質があるので、ポリエチレン容器に入れて保管する。
　　3　水と激しく反応するため、通常、石油中で保管する。
　　4　光により重合するので、遮光して保管する。

(64)　物質Cの「廃棄方法」として、最も適切なものはどれか。
　　1　アフターバーナー及びスクラバーを具備した焼却炉で焼却する。
　　2　水を加えて希薄な水溶液とし、酸で中和させた後、多量の水で希釈して処理する。
　　3　多量の次亜塩素酸ナトリウムと水酸化ナトリウムの混合水溶液を撹拌しながら少量ずつ加えて酸化分解する。過剰の次亜塩素酸ナトリウムをチオ硫酸ナトリウム水溶液で分解した後、希硫酸を加えて中和し、沈殿ろ過する。
　　4　希硫酸に溶かし、還元剤の水溶液を過剰に用いて還元した後、消石灰、ソーダ灰等の水溶液で処理し、ろ過する。溶出試験を行い、溶出量が判定基準以下であることを確認して埋立処分する。

(65)　物質A～Dに関する毒物及び劇物取締法上の規制区分について、正しいものはどれか。
　　1　物質Aは毒物、物質B、C、Dは劇物である。
　　2　物質Cは毒物、物質A、B、Dは劇物である。
　　3　物質Dは毒物、物質A、B、Cは劇物である。
　　4　すべて劇物である。

問14　あなたの店舗ではメタノールを取り扱っています。次の(66)～(70)の問に答えなさい。

(66)　「別名や性状等について教えてください。」という質問を受けました。質問に対する回答の正誤について、正しい組合せはどれか。

a　木精とも呼ばれます。
b　引火性がある液体です。
c　水に溶けません。

	a	b	c
1	正	正	誤
2	正	誤	正
3	誤	正	誤
4	誤	誤	正

(67) 「人体に対する影響や応急措置について教えてください。」という質問を受けました。質問に対する回答の正誤について、正しい組合せはどれか。

a　目に対して強い刺激があります。
b　吸入又は飲み下すと、頭痛、めまい、嘔吐（おうと）、下痢、腹痛を起こすことがあります。
c　皮膚に触れた場合、直ちに接触部を多量の水で十分に洗い流してください。

	a	b	c
1	正	正	正
2	正	正	誤
3	正	誤	正
4	誤	正	正

(68) 「取扱いの注意事項について教えてください。」という質問を受けました。質問に対する回答の正誤について、正しい組合せはどれか。

a　着火源から遠ざけ、換気のよい場所で取り扱ってください。
b　火災の危険性があるため、酸化剤と接触させないでください。
c　揮発しやすいので、密栓して冷暗所に保管してください。

	a	b	c
1	正	正	正
2	正	正	誤
3	正	誤	正
4	誤	正	正

(69) 「性質について教えてください。」という質問を受けました。質問に対する回答の正誤について、正しい組合せはどれか。

a　比重は1より小さいため、水より軽いです。
b　光、熱などにより分解して、ホスゲンを生成することがあります。
c　あらかじめ熱灼した酸化銅を加えると、ホルムアルデヒドが生じます。

	a	b	c
1	正	正	誤
2	正	誤	正
3	誤	正	誤
4	誤	誤	正

(70) 「廃棄方法について教えてください。」という質問を受けました。質問に対する回答として、最も適切なものはどれか。

1　希硫酸に溶かし、還元剤の水溶液を過剰に用いて還元した後、消石灰、ソーダ灰等の水溶液で処理し、ろ過します。溶出試験を行い、溶出量が判定基準以下であることを確認して埋立処分します。
2　セメントを用いて固化し、埋立処分します。
3　酸で中和させた後、水で希釈して処理します。
4　焼却炉の火室に噴霧し、焼却します。

問15　4つの容器に A ～ D の物質が入っている。それぞれの物質は、黄燐（りん）、クロルピクリン、ニトロベンゼン、DMTP のいずれかであり、それぞれの性状等は次の表のとおりである。(71)～(75)の問に答えなさい。

物質	性　状　等
A	催涙性を有する無色透明又は淡黄色の油状の液体である。水にほとんど溶けず、アルコール、エーテルに溶ける。
B	灰白色の結晶である。水に溶けにくく、メタノール、アセトンに溶ける。
C	アーモンド臭を有する無色又は淡黄色の吸湿性の液体である。水にわずかに溶け、アルコールに溶ける。
D	ニンニク臭を有する白色又は淡黄色のロウ状の固体である。水にほとんど溶けず、アルコールに溶けにくい。二硫化炭素に溶けやすい。

DMTP：3－ジメチルジチオホスホリル－S－メチル－5－メトキシ－1，3，4－チアジアゾリン－2－オン

(71)　A～Dにあてはまる物質について、正しい組合せはどれか。

	A	B	C	D
1	DMTP	クロルピクリン	黄燐(りん)	ニトロベンゼン
2	DMTP	クロルピクリン	ニトロベンゼン	黄燐(りん)
3	クロルピクリン	DMTP	ニトロベンゼン	黄燐(りん)
4	クロルピクリン	DMTP	黄燐(りん)	ニトロベンゼン

(72)　物質Aを含有する製剤の主な用途として、正しいものはどれか。

　　1　除草剤　　　　2　土壌燻(くん)蒸剤　　　　3　殺鼠剤　　　　4　植物成長調整剤

(73)　物質Bの化学式として、正しいものはどれか。

1

CH_3O—[構造式]—CH_2—S—P(=S)(OCH_3)(OCH_3)

2

[構造式] ・$2Br^-$

3

CCl_3NO_2

4

CH_3O, CH_3O—P(=S)—S—CH_2—CNHCH_3(=O)

(74)　物質Cの廃棄方法として、最も適切なものはどれか。

　　1　水を加えて希薄な水溶液とし、酸で中和させた後、多量の水で希釈して処理する。
　　2　木粉(おが屑(くず))と混ぜて焼却するか、又は可燃性溶剤に溶かし焼却炉の火室へ噴霧し焼却する。
　　3　ナトリウム塩とした後、活性汚泥で処理する。
　　4　そのまま再生利用するため蒸留する。

(75)　物質Dの保管上の注意として、正しいものはどれか。

　　1　高温、直射日光下で重合するので、遮光して冷暗所に保管する。
　　2　空気や光に触れると赤変するので、遮光して保管する。
　　3　水に触れると爆発的に反応するので、石油中に沈めて保管する。
　　4　空気に触れると発火するので、水中に沈めてビンに入れ、さらに砂を入れた缶中に固定して、冷暗所に保管する。

（農業用品目）

問10　次の(46)～(50)の記述にあてはまる農薬の成分を次の【選択肢】からそれぞれ選びなさい。

(46)　毒物(1.5％以下を含有するものは劇物)に指定されている。45％含有の乳剤が市販されている。稲のツマグロヨコバイやキャベツのアブラムシ類等に適用される有機燐(りん)系殺虫剤の成分である。

(47)　毒物(0.8 %以下を含有するものは劇物)に指定されている。0.8 %含有の粒剤が市販されている。ばれいしょのネグサレセンチュウやなすのミナミキイロアザミウマ等に適用されるカーバメート系殺虫剤の成分である。

(48)　毒物(0.5 %以下を含有するものは劇物)に指定されている。0.5 %含有の粒剤が市販されている。キャベツのネキリムシ類やだいこんのキスジノミハムシ等に適用されるピレスロイド系殺虫剤の成分である。

(49)　毒物(0.005 %以下を含有するものは劇物)に指定されている。0.005 %含有の粒剤が市販されている。野ねずみに適用される殺鼠剤の成分である。

(50)　2 %以下を含有するものを除き、劇物に指定されている。15 %含有のくん煙剤、18 %含有の液剤、20 %含有の水溶剤が市販されている。くん煙剤はいちご及びピーマンのアブラムシ類等に、液剤及び水溶剤はかんきつのアブラムシ類及びアザミウマ類等に適用されるネオニコチノイド系殺虫剤の成分である。

【選択肢】
1　トランス－N－（6－クロロ－3－ピリジルメチル）－N'－シアノ－N－メチルアセトアミジン
　　（別名：アセタミプリド）
2　エチルパラニトロフェニルチオノベンゼンホスホネイト（別名：EPN）
3　2－ジフェニルアセチル－1，3－インダンジオン
　　（ダイファシノンとも呼ばれる。）
4　2，3，5，6－テトラフルオロ－4－メチルベンジル＝（Z）－（1 RS, 3 RS）－3－（2－クロロ－3，3，3－トリフルオロ－1－プロペニル）－2，2－ジメチルシクロプロパンカルボキシラート（別名：テフルトリン）
5　メチル－N'，N'－ジメチル－N－［(メチルカルバモイル)オキシ］－1－チオオキサムイミデート（オキサミルとも呼ばれる。）

問 11　4 つの容器に A ～ D の物質が入っている。それぞれの物質は、農薬の成分の塩素酸ナトリウム、クロルピクリン、燐化亜鉛、MPP のいずれかであり、それぞれの性状・性質及び用途は次の表のとおりである。
(51)～(55)の問に答えなさい。

物質	性状・性質	用途
A	弱いニンニク臭のある無色又は褐色の液体である。水にほとんど溶けない。	すぎ(苗木)のコガネムシ類幼虫、さとうきびのハリガネムシ等の殺虫剤として用いられる。
B	催涙性及び刺激臭のある無色又は微黄色の液体である。水にほとんど溶けない。	土壌燻蒸剤として用いられる。
C	無色又は白色の固体である。水に溶けやすく、潮解性がある。	1 年生及び多年生雑草やススキ等の除草剤として用いられる。
D	暗赤色又は暗灰色の固体である。水に極めて溶けにくいが、希酸にはホスフィンを出して溶解する。	殺鼠剤として用いられる。

MPP：ジメチル―4―メチルメルカプト―3―メチルフェニルチオホスフェイト(フェンチオンとも呼ばれる。)

(51) A ～ D にあてはまる物質について、正しい組合せはどれか。

	A	B	C	D
1	MPP	塩素酸ナトリウム	クロルピクリン	燐化亜鉛
2	MPP	クロルピクリン	塩素酸ナトリウム	燐化亜鉛
3	燐化亜鉛	塩素酸ナトリウム	クロルピクリン	MPP
4	燐化亜鉛	クロルピクリン	塩素酸ナトリウム	MPP

(52) 物質 A の中毒時の解毒に用いられる物質として、正しいものはどれか。

1 　2－ピリジルアルドキシムメチオダイド(別名：PAM)
2 　L－システイン　　3 　メチレンブルー　　4 　ビタミン K_1

(53) 物質 B の廃棄方法として、最も適切なものはどれか。

1 　少量の界面活性剤を加えた亜硫酸ナトリウムと炭酸ナトリウムの混合溶液中で、攪拌し分解させた後、多量の水で希釈して処理する。
2 　木粉（おが屑）等に吸収させてアフターバーナー及びスクラバーを具備した焼却炉で焼却する。
3 　チオ硫酸ナトリウムの水溶液に希硫酸を加えて酸性にし、この中に少量ずつ投入する。反応終了後、反応液を中和し多量の水で希釈して処理する。
4 　多量の次亜塩素酸ナトリウムと水酸化ナトリウムの混合水溶液を攪拌しながら少量ずつ加えて酸化分解する。過剰の次亜塩素酸ナトリウムとチオ硫酸ナトリウム水溶液等で分解した後、希硫酸を加えて中和し、沈殿ろ過して埋立処分する。

(54) 物質 C の化学式として、正しいものはどれか。

1

CCl_3NO_2

2

3

$NaClO_3$

4

Zn_3P_2

(55) 物質 D を含有する製剤の毒物及び劇物取締法上の規制区分について、正しいものはどれか。

1 　劇物に指定されている。
2 　劇物に指定されている。ただし、2％以下を含有するものを除く。
3 　劇物に指定されている。ただし、爆発薬を除く。
4 　劇物に指定されている。ただし、1％以下を含有し、黒色に着色され、かつ、トウガラシエキスを用いて著しくからく着味されているものを除く。

問 12　あなたの店舗では、２－イソプロピル－４－メチルピリミジル－６－ジエチルチオホスフェイト（別名：ダイアジノン）のみを有効成分として含有する農薬を取り扱っています。

(56)～(60)の問に答えなさい。

(56)　この農薬の主な用途として、正しいものはどれか。

1　土壌燻蒸剤　　　　　　　　　　　2　殺虫剤
3　除草剤　　　　　　　　　　　　　4　植物成長調整剤

(57)　ダイアジノンの化学式として、正しいものはどれか。

1

CH_3-, CH_3- (isopropyl) ピリミジン環 CH_3
O-P(=S)(OC_2H_5)(OC_2H_5)

2

C_2H_5O, C_2H_5O - P(=S) - O - イソオキサゾール環 - phenyl

3

Br, CN, CF_3, N-$CH_2OC_2H_5$, ピロール環 - phenyl - Cl

4

CH_3, CH_3 - N - CH - (CH_2SCONH_2)(CH_2SCONH_2)　・HCl

(58)　ダイアジノンの性状及び性質として、正しいものはどれか。

1　無色又は白色の固体で、水に溶ける。
2　無色の液体で、水にほとんど溶けない。
3　赤色の固体で、水にほとんど溶けない。
4　赤褐色の液体で、水に溶ける。

(59)　ダイアジノンの廃棄方法として、最も適切なものはどれか。

1　水に溶かし、消石灰、ソーダ灰等の水溶液を加えて処理し、沈殿ろ過して埋立処分する。
2　多量の水を加えて希薄な水溶液とした後、次亜塩素酸塩水溶液を加え分解させ廃棄する。
3　徐々に石灰乳などの攪拌溶液に加え中和させた後、多量の水で希釈して処理する。
4　木粉（おが屑）等に吸収させてアフターバーナー及びスクラバーを具備した焼却炉で焼却する。

(60)　ダイアジノンを含有する製剤の毒物及び劇物取締法上の規制区分について、正しいものはどれか。

1　毒物に指定されている。
2　毒物に指定されている。ただし、５％(マイクロカプセル製剤にあっては、25％)以下を含有するものは劇物に指定されている。
3　劇物に指定されている。
4　劇物に指定されている。ただし、５％(マイクロカプセル製剤にあっては、25％)以下を含有するものを除く。

（特定品目）

問10　4つの容器にA～Dの物質が入っている。それぞれの物質は、一酸化鉛、クロロホルム、蓚酸(二水和物)、ホルムアルデヒド水溶液(ホルムアルデヒドを35％含有する水溶液)のいずれかであり、それぞれの性状・性質及び廃棄方法の例は次の表のとおりである。(46)～(50)の問に答えなさい。

物質	性状・性質	廃　棄　方　法　の　例
A	無色の固体である。エタノールに溶解する。	ナトリウム塩とした後、活性汚泥で処理する。
B	無色の液体である。特異の香気を有する。	過剰の可燃性溶剤と共にアフターバーナー及びスクラバーを具備した焼却炉の火室へ噴霧してできるだけ高温で焼却する。
C	重い粉末で黄色から赤色までの間の種々のものがある。水にほとんど溶けない。	セメントを用いて固化し、溶出試験を行い、溶出量が判定基準以下であることを確認して埋立処分する。
D	無色の液体で、刺激臭がある。空気中の酸素によって一部酸化されて、ぎ酸を生成する。	多量の水を加え希薄な水溶液とした後、次亜塩素酸塩水溶液を加え分解させ廃棄する。

(46)　A～Dにあてはまる物質について、正しい組合せはどれか。

	A	B	C	D
1	蓚酸(二水和物)	ホルムアルデヒド水溶液	一酸化鉛	クロロホルム
2	蓚酸(二水和物)	クロロホルム	一酸化鉛	ホルムアルデヒド水溶液
3	一酸化鉛	クロロホルム	蓚酸(二水和物)	ホルムアルデヒド水溶液
4	一酸化鉛	ホルムアルデヒド水溶液	蓚酸(二水和物)	クロロホルム

(47)　物質Aに関する記述として、正しいものはどれか。

1　乾燥した空気中で風化する。
2　リサージとも呼ばれる。
3　水溶液はアルカリ性を示す。
4　急速に加熱すると、窒素ガスが発生する。

(48)　物質Bに関する記述として、正しいものはどれか。

1　1％以下を含有するものを除き、劇物に指定されている。
2　酸と接触するとフッ化水素ガスが発生する。
3　苛性カリとも呼ばれる。
4　光、熱などにより分解して、ホスゲンを生成することがある。

(49)　物質Cの化学式として、正しいものはどれか。

1　$(COOH)_2 \cdot 2H_2O$　　　2　$HCOOH$　　　3　PbO　　　4　PbO_2

(50) 物質Dに関する記述として、正しいものはどれか。

1 冷所では重合し、混濁するので常温で保管する。
2 強いアルカリ性を示す。
3 アルキル化剤として用いられる。
4 ガラスを腐食するので、ガラス製の容器に保存できない。

問 11 次は、アンモニア及びアンモニア水（アンモニア 25 ％を含有する水溶液）に関する記述である。(51)〜(55)の問に答えなさい。

(51) 次の記述の（ ① ）〜（ ③ ）にあてはまる字句として、正しい組合せはどれか。

> アンモニアは、（ ① ）気体であり、空気より（ ② ）。アンモニアの化学式は（ ③ ）である。

	①	②	③
1	無臭の	軽い	HNO_3
2	無臭の	重い	NH_3
3	刺激臭のある	軽い	NH_3
4	刺激臭のある	重い	HNO_3

(52) アンモニアの性質に関する記述の正誤について、正しい組合せはどれか。

a エタノールに溶けにくい。
b 冷却又は圧縮により液化する。
c 空気中では燃えないが、酸素中では黄色の炎をあげて燃える。

	a	b	c
1	正	正	正
2	正	誤	誤
3	誤	正	正
4	誤	正	誤

(53) 次のa〜dのうち、アンモニア水の性質として、正しいものはどれか。

a 濃塩酸でうるおしたガラス棒を近づけると、白い霧が生じる。
b 局所刺激作用を示す。
c 銅、錫（すず）、亜鉛を腐食する。
d 酸性を呈する。

1 aのみ
2 b、cのみ
3 a、b、cのみ
4 a、b、c、d

(54) アンモニア水の廃棄方法として、最も適切なものはどれか。

1 そのまま再利用するため蒸留する。
2 多量のアルカリ水溶液中に吹き込んだ後、多量の水で希釈して処理する。
3 水で希薄な水溶液とし、酸で中和させた後、多量の水で希釈して処理する。
4 焼却炉の火室へ噴霧し焼却する。

(55)　次のa〜dのうち、劇物に該当するものとして、正しいものはどれか。

　　a　アンモニアを20％含有する水溶液
　　b　アンモニアを16％含有する水溶液
　　c　アンモニアを6％含有する水溶液
　　d　アンモニアを5％含有する水溶液

　　　1　aのみ　　　　2　a、bのみ　　　3　a、b、cのみ　　　4　a、b、c、d

問 12　あなたの店舗ではメタノールを取り扱っています。次の（56）〜（60）の問に答えなさい。

(56)　「別名や性状等について教えてください。」という質問を受けました。質問に対する回答の正誤について、正しい組合せはどれか。

　　a　木精とも呼ばれます。
　　b　引火性がある液体です。
　　c　水に溶けません。

	a	b	c
1	正	正	誤
2	正	誤	正
3	誤	正	誤
4	誤	誤	正

(57)　「人体に対する影響や応急措置について教えてください。」という質問を受けました。質問に対する回答の正誤について、正しい組合せはどれか。

　　a　目に対して強い刺激があります。
　　b　吸入又は飲み下すと、頭痛、めまい、嘔吐、下痢、腹痛を起こすことがあります。
　　c　皮膚に触れた場合、直ちに接触部を多量の水で十分に洗い流してください。

	a	b	c
1	正	正	正
2	正	正	誤
3	正	誤	正
4	誤	正	正

(58)　「取扱いの注意事項について教えてください。」という質問を受けました。質問に対する回答の正誤について、正しい組合せはどれか。

　　a　着火源から遠ざけ、換気のよい場所で取り扱ってください。
　　b　火災の危険性があるため、酸化剤と接触させないでください。
　　c　揮発しやすいので、密栓して冷暗所に保管してください。

	a	b	c
1	正	正	正
2	正	正	誤
3	正	誤	正
4	誤	正	正

(59)　「性質について教えてください。」という質問を受けました。質問に対する回答の正誤について、正しい組合せはどれか。

　　a　比重は1より小さいため、水より軽いです。
　　b　光、熱などにより分解して、ホスゲンを生成することがあります。
　　c　あらかじめ熱灼した酸化銅を加えると、ホルムアルデヒドが生じます。

	a	b	c
1	正	正	誤
2	正	誤	正
3	誤	正	誤
4	誤	誤	正

(60)　「廃棄方法について教えてください。」という質問を受けました。質問に対する回答として、最も適切なものはどれか。

　　1　希硫酸に溶かし、還元剤の水溶液を過剰に用いて還元した後、消石灰、ソーダ灰等の水溶液で処理し、ろ過します。溶出試験を行い、溶出量が判定基準以下であることを確認して埋立処分します。
　　2　セメントを用いて固化し、埋立処分します。
　　3　酸で中和させた後、水で希釈して処理します。
　　4　焼却炉の火室に噴霧し、焼却します。

東京都
平成 29 年度実施

〔実　地〕

（一般）

問 11　次の(51)～(55)の毒物又は劇物の性状等に関する記述のうち、正しいものはどれか。

(51)　二酸化鉛
1　白色の粉末である。顔料製造に用いられる。
2　淡黄色の液体である。触媒として用いられる。
3　無色の気体である。殺菌剤として用いられる。
4　茶褐色の粉末である。電池の製造に用いられる。

(52)　アクリル酸
1　酢酸に似た刺激臭のある無色の液体である。化学式は $CH_2 = CHCOOH$ である。
2　無色又は白色の結晶である。化学式は $CH_2 = CHCONH_2$ である。
3　黄色の結晶である。化学式は $Cl(C_6H_4)NO_2$ である。
4　淡黄色又は淡褐色の液体である。光により徐々に分解し、褐色に変色する。化学式は $C_6H_5NHC_2H_5$ である。

(53)　塩化水素
1　白色又は微黄色の固体である。潮解性があり、空気中で徐々に酸化する。
2　無色の油状の液体である。空気中で発煙する。
3　無色の刺激臭をもつ気体である。空気中で発煙する。
4　黄褐色の固体である。吸湿性で、空気中の水分を吸って緑色となる。

(54)　シアン化第一金カリウム
1　無色又は淡黄色の発煙性の液体である。スルホン化剤として用いられる。
2　無色又は白色の結晶である。めっきの材料として用いられる。
3　暗緑色の結晶である。触媒や染料として用いられる。
4　無色透明の液体である。プラスチック原料や溶媒として用いられる。

(55)　クロルメチル
1　無色の吸湿性の結晶である。陶磁器の着色剤として用いられる。
2　無色又は淡黄色のアーモンド臭を有する油状の液体である。染料や酸化剤として用いられる。
3　無色のエーテル様の臭いを有する気体である。低温用溶剤として用いられる。
4　緑黄色の気体である。消毒剤として用いられる。

問 12　次の(56)～(60)の毒物又は劇物の性状等に関する記述のうち、正しいものはどれか。

(56)　一水素二弗化アンモニウム
1　赤色又は黄色の結晶である。熱あるいは衝撃により爆発する。
2　無色透明の液体である。吸湿性があり、空気中で発煙する。
3　無色又は白色の結晶である。水溶液はガラスを腐食する。
4　無色の気体である。水と反応して二酸化炭素と塩化水素を発生する。

(57) 一酸化鉛

    1 白色の結晶である。カリバリルとも呼ばれる。

    2 黄色から赤色の固体である。リサージとも呼ばれる。

    3 腐った魚の臭いのある気体である。ホスフィンとも呼ばれる。

    4 暗緑色の結晶性粉末である。マラカイトとも呼ばれる。

(58) セレン化水素

    1 特異臭のある無色又は白色の結晶である。重合防止剤の原料として用いられる。

    2 無色のニンニク臭を有する気体である。ドーピングガスとして用いられる。

    3 無色透明の刺激臭のある液体である。土壌硬化剤として用いられる。

    4 赤色から赤褐色の結晶である。触媒、蓄電池に用いられる。

(59) アクリルニトリル

    1 無色の潮解性のある結晶である。媒染剤として用いられる。

    2 無臭又はわずかに刺激臭のある無色の液体である。合成繊維や合成樹脂の原料として用いられる。

    3 銀白色、金属光沢を有する重い液体である。寒暖計や体温計に用いられる。

    4 魚臭様の臭気のある気体である。界面活性剤の原料として用いられる。

(60) メチルメルカプタン

    1 アンモニア臭のある無色又は淡黄色の液体である。染料固着剤として用いられる。

    2 白色又は帯黄白色の粉末である。電気めっきに用いられる。

    3 特異臭のある無色の液体である。農薬の中間原料として用いられる。

    4 腐ったキャベツ様の臭気のある無色の気体である。付臭剤として用いられる。

問 13 4つの容器に A 〜 D の物質が入っている。それぞれの物質は、重クロム酸カリウム、炭酸バリウム、2−メルカプトエタノール、モノゲルマンのいずれかであり、それぞれの性状等は次の表のとおりである。(61)〜(65)の問に答えなさい。

物質	性　状　等
A	特徴的な臭気をもつ無色の液体である。水に可溶である。
B	橙赤色の結晶である。アルコールに不溶である。
C	刺激臭のある無色の気体である。空気中で自然発火することがある。
D	白色の粉末である。水に溶けにくい。

(61) A 〜 D にあてはまる物質について、正しい組合せはどれか。

	A	B	C	D
1	モノゲルマン	炭酸バリウム	2−メルカプトエタノール	重クロム酸カリウム
2	モノゲルマン	重クロム酸カリウム	2−メルカプトエタノール	炭酸バリウム
3	2−メルカプトエタノール	炭酸バリウム	モノゲルマン	重クロム酸カリウム
4	2−メルカプトエタノール	重クロム酸カリウム	モノゲルマン	炭酸バリウム

(62)　物質 A の化学式として、正しいものはどれか。

　　　1　HSCH₂CH₂OH　　2　H₂NCH₂CH₂OH　　　3　ClCH₂CH₂OH　　　4　GeH₄

(63)　物質 B の保管方法として、最も適切なものはどれか。

　　　1　水、二酸化炭素と激しく反応するので、通常石油中に保管する。
　　　2　金属やガラスに対する腐食性があるので、ポリエチレン容器に入れて保管する。
　　　3　空気に触れると発火しやすいので、容器に水を満たして冷暗所に保管する。
　　　4　強酸化剤であるので、有機物や還元剤と離して保管する。

(64)　物質 C の廃棄方法として、最も適切なものはどれか。

　　　1　希釈法　　　2　酸化沈殿法　　　3　還元沈殿法　　　4　燃焼法

(65)　物質 A ～ D に関する毒物及び劇物取締法上の規制区分について、正しいものはどれか。

　　　1　物質 A は毒物、物質 B、C、D は劇物である。
　　　2　物質 C は毒物、物質 A、B、D は劇物である。
　　　3　物質 D は毒物、物質 A、B、C は劇物である。
　　　4　すべて劇物である。

問 14　あなたの店舗ではメチルエチルケトンを取り扱っています。次の（66）～（70）の問に答えなさい。

(66)　「性状や規制区分について教えてください。」という質問を受けました。質問に対する回答の正誤について、正しい組合せはどれか。

　　a　アセトン様の芳香があります。
　　b　水に溶けません。
　　c　毒物に指定されています。

	a	b	c
1	正	正	正
2	正	誤	誤
3	誤	正	誤
4	誤	誤	正

(67)　「人体に対する影響や応急措置について教えてください。」という質問を受けました。質問に対する回答の正誤について、正しい組合せはどれか。

　　a　目に入った場合、角膜等を刺激して炎症を起こすことがあります。
　　b　吸入した場合、頭痛や嘔吐を起こすことがあります。
　　c　皮膚に触れた場合、直ちに汚染された衣服やくつを脱がせ、付着又は接触部を石けん水又は多量の水で十分に洗い流してください。

	a	b	c
1	正	正	正
2	正	正	誤
3	正	誤	正
4	誤	正	正

(68)　「取扱いの注意事項について教えてください。」という質問を受けました。質問に対する回答の正誤について、正しい組合せはどれか。

　　a　酸化剤と激しく反応して火災が発生したりすることがありますので、接触させないでください。
　　b　引火しやすいため、火気には近づけないでください。
　　c　水と激しく反応するため、石油中に保管してください。

	a	b	c
1	正	正	正
2	正	正	誤
3	正	誤	正
4	誤	正	正

(69) 「性質について教えてください。」という質問を受けました。質問に対する回答の正誤について、正しい組合せはどれか。

a 揮発性が大きいです。
b 蒸気は空気より軽いです。
c ガラスを腐食します。

	a	b	c
1	正	正	誤
2	正	誤	誤
3	誤	正	誤
4	誤	誤	正

(70) 「廃棄方法について教えてください。」という質問を受けました。質問に対する回答として、最も適切なものはどれか。

1 珪そう土等に吸収させて開放型の焼却炉で焼却します。
2 ナトリウム塩とした後、活性汚泥で処理します。
3 徐々にソーダ灰又は消石灰の攪拌溶液に加えて中和させた後、多量の水で希釈して処理します。消石灰の場合は上澄液のみを流します。
4 水に懸濁し、硫化ナトリウムの水溶液を加えて沈殿を生成させたのち、セメントを加えて固化し、溶出試験を行い、溶出量が判定基準以下であることを確認して埋立処分します。

問 15 4つの容器に A ～ D の物質が入っている。それぞれの物質は、カルボスルファン、水酸化カリウム、ダイファシノン、ヒドラジンのいずれかであり、それぞれの性状等は次の表のとおりである。(71)～(75)の問に答えなさい。

物質	性　状　等
A	黄色結晶性粉末である。アセトン、酢酸に溶け、ベンゼンにわずかに溶け、水にはほとんど溶けない。
B	白色の固体である。空気中の二酸化炭素、水分を吸収して潮解する。
C	褐色の粘稠液体である。アセトンに溶け、水にほとんど溶けない。
D	無色の油状液体である。水に溶けやすい。

ダイファシノン：2－ジフェニルアセチル－1，3－インダンジオン
カルボスルファン：2，3－ジヒドロ－2，2－ジメチル－7－ベンゾ[b]フラニル－ N －ジブチルアミノチオ－N －メチルカルバマート

(71) A ～ D にあてはまる物質について、正しい組合せはどれか。

	A	B	C	D
1	カルボスルファン	ヒドラジン	ダイファシノン	水酸化カリウム
2	カルボスルファン	水酸化カリウム	ダイファシノン	ヒドラジン
3	ダイファシノン	ヒドラジン	カルボスルファン	水酸化カリウム
4	ダイファシノン	水酸化カリウム	カルボスルファン	ヒドラジン

(72) 物質 A を含有する製剤の主な用途として、正しいものはどれか。

1 殺虫剤　　　2 土壌燻蒸剤　　　3 殺鼠剤　　　4 除草剤

(73)　物質Bの廃棄方法として、最も適切なものはどれか。

1　水を加えて希薄な水溶液とし、酸で中和させた後、多量の水で希釈して処理する。
2　水を用いて2倍程度に希釈し、アフターバーナー及びスクラバーを具備した焼却炉の火室に噴霧焼却する。
3　多量の水に吸収させ、希釈して活性汚泥で処理する。
4　多量のアルカリ水溶液中に吹き込んだ後、多量の水で希釈して処理する。

(74)　物質Cの化学式として、正しいものはどれか。

1

2

3

4

(75)　物質Dに関する記述の正誤について、正しい組合せはどれか。

a　5%以下を含有するものは劇物に指定されている。
b　強い酸化剤である。
c　アンモニア様の強い臭気をもつ。

	a	b	c
1	正	正	正
2	正	誤	誤
3	誤	正	誤
4	誤	誤	正

（農業用品目）
問10　次の(46)～(50)の記述にあてはまる農薬の成分を次の【選択肢】からそれぞれ選びなさい。

(46)　毒物(45%以下を含有するものは劇物)に指定されている。45%含有の水和剤、1.5%含有の粉粒剤が市販されている。だいこんのアオムシやかんしょのハスモンヨトウ等に適用されるカーバメート系殺虫剤の成分である。

(47)　0.5%以下を含有するものを除き、劇物に指定されている。5.0%含有の乳剤が市販されている。えだまめ及びだいずのカメムシ類等に適用されるピレスロイド系殺虫剤の成分である。

(48)　8%以下を含有するものを除き、劇物に指定されている。20%含有の水和剤が市販されている。稲のいもち病に適用される殺菌剤の成分である。

(49)　1 ％（マイクロカプセル製剤にあっては、25 ％）以下を含有するものを除き、劇物に指定されている。75 ％含有の水和剤、40 ％含有の乳剤、3 ％含有の粒剤が市販されている。りんご、なし、みかんのハマキムシ類やさとうきびのハリガネムシ類等に適用される有機燐系殺虫剤の成分である。

(50)　3 ％以下を含有するものを除き、劇物に指定されている。50 ％の水和剤が市販されている。稲のイネシンガレセンチュウ、かきのカキノヘタムシガ等に適用されるネライストキシン系殺虫剤の成分である。

【選択肢】

1　ジエチル－3，5，6－トリクロル－2－ピリジルチオホスフェイト
　（クロルピリホスとも呼ばれる。）
2　α－シアノ－4－フルオロ－3－フェノキシベンジル＝3－（2，2－ジクロロビニル）－2，2－ジメチルシクロプロパンカルボキシラート
　（シフルトリンとも呼ばれる。）
3　S－メチル－N－［（メチルカルバモイル）－オキシ］－チオアセトイミデート
　（別名：メトミル）
4　5－ジメチルアミノ－1，2，3－トリチアン
　（蓚酸塩はチオシクラムとも呼ばれる。）
5　5－メチル－1，2，4－トリアゾロ［3，4－b］ベンゾチアゾール
　（別名：トリシクラゾール）

問 11　4 つの容器に A ～ D の物質が入っている。それぞれの物質は、農薬の成分のチアクロプリド、パラコート、ベンフラカルブ、EPN のいずれかであり、それぞれの性状・性質及び用途は次の表のとおりである。(51)～(55)の問に答えなさい。

物質	性状・性質	用途
A	白色又は淡黄色の結晶で、水にほとんど溶けない。	稲のニカメイチュウ、ウンカ類等の殺虫剤として用いられる。
B	無色又は白色の吸湿性結晶で、水に溶けやすく、アルカリ性で不安定である。	除草剤として用いられる。
C	白色又は黄色の粉末結晶で、水に溶けにくい。	果樹のシンクイムシ類、アブラムシ類等の殺虫剤として用いられる。
D	無色から黄褐色の液体で、水にほとんど溶けない。	水稲（箱育苗）のツマグロヨコバイ、ヒメトビウンカ等の殺虫剤として用いられる。

チアクロプリド：3－（6－クロロピリジン－3－イルメチル）－1，3－チアゾリジン－2－イリデンシアナミド
パラコート　　：1－1'－ジメチル－4，4'－ジピリジニウムジクロリド
ベンフラカルブ：2，2－ジメチル－2，3－ジヒドロ－1－ベンゾフラン－7－イル＝N－[N－（2－エトキシカルボニルエチル）－N－イソプロピルスルフェナモイル]－N－メチルカルバマート
EPN　　　　　：エチルパラニトロフェニルチオノベンゼンホスホネイト

(51) A～Dにあてはまる物質について、正しい組合せはどれか。

	A	B	C	D
1	EPN	チアクロプリド	パラコート	ベンフラカルブ
2	EPN	パラコート	チアクロプリド	ベンフラカルブ
3	ベンフラカルブ	チアクロプリド	パラコート	EPN
4	ベンフラカルブ	パラコート	チアクロプリド	EPN

(52) 物質Aの中毒時の解毒に用いられる物質として、正しいものはどれか。

1 ジメルカプロール(BALとも呼ばれる。)　　　　2 ビタミンK₁

3 2－ピリジンアルドキシムメチオダイド(別名：PAM)　　4 L－システイン

(53) 物質Bの廃棄方法として、最も適切なものはどれか。

1 チオ硫酸ナトリウムの水溶液に希硫酸を加えて酸性にし、この中に少量ずつ投入する。反応終了後、反応液を中和し多量の水で希釈して処理する。

2 木粉（おが屑）等に吸収させてアフターバーナー及びスクラバーを具備した焼却炉で焼却する。

3 少量の界面活性剤を加えた亜硫酸ナトリウムと炭酸ナトリウムの混合溶液中で、攪拌し分解させた後、多量の水で希釈して処理する。

4 セメントを用いて固化し、溶出試験を行い、溶出量が判定基準以下であることを確認して埋立処分する。

(54) 物質Cの化学式として、正しいものはどれか。

1

2

3

4

(55) 物質 D を含有する製剤の毒物及び劇物取締法上の規制区分について、正しいものはどれか。

1 毒物に指定されている。
2 毒物に指定されている。ただし、6％以下を含有するものは劇物に指定されている。
3 劇物に指定されている。
4 劇物に指定されている。ただし、6％以下を含有するものを除く。

問12 あなたの店舗では、2－(1－メチルプロピル)－フェニル－N－メチルカルバメート(フェノブカルブ、BPMC とも呼ばれる。)のみを有効成分として含有する農薬を取り扱っています。(56)～(60)の問に答えなさい。

(56) この農薬の主な用途として、正しいものはどれか。

1 土壌燻蒸剤　　　2 除草剤　　　3 殺虫剤　　　4 植物成長調整剤

(57) BPMC の化学式として、正しいものはどれか。

1

$(H_3C)_2N-C(=O)-C(SCH_3)=N-O-C(=O)-NHCH_3$

2

ピリミジン環（2-イソプロピル、6-メチル）にO-P(=S)(OC_2H_5)_2

3

2位に CH(CH_3)(C_2H_5) を持つフェニル基に O-C(=O)-NHCH_3

4

6-クロロピリジン-CH_2-N(イミダゾリジン環)=N-NO_2

(58) BPMC の中毒時の解毒に用いられる物質として、正しいものはどれか。

1 チオ硫酸ナトリウム　　　　　　2 硫酸アトロピン
3 1％フェロシアン化カリウム溶液　　4 グルタチオン

(59) BPMC の廃棄方法として、最も適切なものはどれか。

1 水に溶かし、希硫酸を加えて中和し、沈殿ろ過して埋立処分する。
2 多量の水を加え希薄な水溶液とした後、次亜塩素酸塩水溶液を加え分解させ廃棄する。
3 徐々に石灰乳などの撹拌溶液に加え中和させた後、多量の水で希釈して処理する。
4 水酸化ナトリウム水溶液と加温して加水分解する。

(60) BPMC を含有する製剤の毒物及び劇物取締法上の規制区分について、正しいものはどれか。

1 毒物に指定されている。
2 毒物に指定されている。ただし、2％(マイクロカプセル製剤にあっては、15％)以下を含有するものは劇物に指定されている。
3 劇物に指定されている。
4 劇物に指定されている。ただし、2％(マイクロカプセル製剤にあっては、15％)以下を含有するものを除く。

（特定品目）

問10 4つの容器にA～Dの物質が入っている。それぞれの物質は、塩化水素、クロム酸鉛、酢酸エチル、水酸化カリウムのいずれかであり、それぞれの性状・性質及び廃棄方法の例は次の表のとおりである。(46)～(50)の問に答えなさい。

物質	性状・性質	廃 棄 方 法 の 例
A	白色の固体である。水、アルコールに溶ける。	水を加えて希薄な水溶液とし、酸で中和させた後、多量の水で希釈して処理する。
B	黄色又は赤黄色の粉末である。水にほとんど溶けない。	希硫酸に溶かし、硫酸第一鉄等の水溶液を過剰に用いて還元する。消石灰等の水溶液で処理し、沈殿ろ過する。溶出試験を行い、溶出量が判定基準以下であることを確認して埋立処分する。
C	無色透明の液体である。果実様の芳香がある。	硅そう土等に吸収させて開放型の焼却炉で焼却する。
D	無色の気体である。刺激臭がある。	徐々に石灰乳等の攪拌溶液に加え中和させた後、多量の水で希釈して処理する。

(46) A～Dにあてはまる物質について、正しい組合せはどれか。

	A	B	C	D
1	水酸化カリウム	クロム酸鉛	塩化水素	酢酸エチル
2	水酸化カリウム	クロム酸鉛	酢酸エチル	塩化水素
3	クロム酸鉛	水酸化カリウム	酢酸エチル	塩化水素
4	クロム酸鉛	水酸化カリウム	塩化水素	酢酸エチル

(47) 物質Aに関する記述の正誤について、正しい組合せはどれか。

a 1％以下を含有するものを除き、劇物に指定されている。
b 空気中に放置すると潮解する。
c 苛性ソーダとも呼ばれる。

	a	b	c
1	正	正	正
2	正	誤	誤
3	誤	正	誤
4	誤	誤	正

(48) 物質 B に関する記述の正誤について、正しい組合せはどれか。

a 70 ％以下を含有するものは、劇物から除かれる。
b リサージとも呼ばれる。
c 酸、アルカリに可溶である。

	a	b	c
1	正	正	誤
2	正	誤	正
3	誤	正	誤
4	誤	誤	正

(49) 物質 C の化学式として、正しいものはどれか。

1 C₂H₅COCH₃　　　2 CH₃OH　　　3 CH₃COOC₂H₅　　　4 HCl

(50) 物質 D に関する記述として、正しいものはどれか。

a 水溶液は金属を腐食し、水素を発生する。
b 引火性がある。
c 空気より軽い。

	a	b	c
1	正	正	正
2	正	誤	誤
3	誤	正	誤
4	誤	誤	正

問 11 次は、硫酸に関する記述である。(51)～(55)の問に答えなさい。

(51) 次の記述の（ ① ）～（ ③ ）にあてはまる字句として、正しい組合せはどれか。

硫酸は、（ ① ）の液体であり、化学式は（ ② ）である。水と接触すると（ ③ ）する。

	①	②	③
1	可燃性	HNO₃	発熱
2	可燃性	H₂SO₄	吸熱
3	不燃性	HNO₃	吸熱
4	不燃性	H₂SO₄	発熱

(52) 硫酸の性質に関する記述の正誤について、正しい組合せはどれか。

a 腐食性がある。
b 銅片を加えて熱すると無水亜硫酸が発生する。
c 希釈水溶液に塩化バリウムを加えると白色の沈殿
が生じる

	a	b	c
1	正	正	正
2	正	正	誤
3	正	誤	正
4	誤	正	正

(53) 次の a ～ d のうち、劇物に該当するものとして、正しいものはどれか。

a 硫酸を 20 ％含有する水溶液　　b 硫酸を 16 ％含有する水溶液
c 硫酸を 5 ％含有する水溶液　　d 硫酸を 3 ％含有する水溶液

1 a のみ　　2 a、b のみ　　3 a、b、c のみ　　4 a、b、c、d

(54)　硫酸の廃棄方法として、最も適切なものはどれか。

　　1　水で希薄な水溶液とし、酸で中和させた後、多量の水で希釈して処理する。
　　2　多量の水を加え希薄な水溶液とした後、次亜塩素酸塩水溶液を加え分解させ廃棄する。
　　3　徐々に石灰乳などの攪拌溶液に加え中和させた後、多量の水で希釈して処理する。
　　4　セメントを用いて固化し、埋立処分する。

(55)　硫酸の人体に対する影響や応急措置の正誤について、正しい組合せはどれか。

	a	b	c
1	正	正	正
2	正	正	誤
3	正	誤	正
4	誤	正	正

　　a　皮膚に付着した場合は、直ちに付着部を多量の水で十分に洗い流す。
　　b　目に入った場合、粘膜を激しく刺激し、失明することがある。
　　c　飲み込んだ場合は、すぐに吐かせる。

問12　あなたの店舗ではメチルエチルケトンを取り扱っています。次の (56) ～ (60) の問に答えなさい。

(56)　「性状や規則区分について教えてください。」という質問を受けました。質問に対する回答の正誤について、正しい組合せはどれか。

	a	b	c
1	正	正	正
2	正	誤	誤
3	誤	正	誤
4	誤	誤	正

　　a　アセトン様の芳香があります。
　　b　水に溶けません。
　　c　毒物に指定されています。

(57)　「人体に対する影響や応急措置について教えてください。」という質問を受けました。質問に対する回答の正誤について、正しい組合せはどれか。

	a	b	c
1	正	正	正
2	正	正	誤
3	正	誤	正
4	誤	正	正

　　a　目に入った場合、角膜等を刺激して炎症を起こすことがあります。
　　b　吸入した場合、頭痛や嘔吐を起こすことがあります。
　　c　皮膚に触れた場合、直ちに汚染された衣服やくつを脱がせ、付着又は接触部を石けん水又は多量の水で十分に洗い流してください。

(58)　「取扱いの注意事項について教えてください。」という質問を受けました。質問に対する回答の正誤について、正しい組合せはどれか。

	a	b	c
1	正	正	正
2	正	正	誤
3	正	誤	正
4	誤	正	正

　　a　酸化剤と激しく反応して火災が発生したりすることがありますので、接触させないでください。
　　b　引火しやすいため、火気には近づけないでください。
　　c　水と激しく反応するため、石油中に保管してください。

(59) 「性質について教えてください。」という質問を受けました。質問に対する回答の正誤について、正しい組合せはどれか。

a 揮発性が大きいです。
b 蒸気は空気より軽いです。
c ガラスを腐食します。

	a	b	c
1	正	正	誤
2	正	誤	誤
3	誤	正	誤
4	誤	誤	正

(60) 「廃棄方法について教えてください。」という質問を受けました。質問に対する回答として、最も適切なものはどれか。

1 硅そう土等に吸収させて開放型の焼却炉で焼却します。

2 ナトリウム塩とした後、活性汚泥で処理します。

3 徐々にソーダ灰又は消石灰の攪拌溶液に加えて中和させた後、多量の水で希釈して処理します。消石灰の場合は上澄液のみを流します。

4 水に懸濁し、硫化ナトリウムの水溶液を加えて沈殿を生成させたのち、セメントを加えて固化し、溶出試験を行い、溶出量が判定基準以下であることを確認して埋立処分します。

東京都
平成 30 年度実施

〔実　地〕

(一般)

問 11　次の(51)～(55)の毒物又は劇物の性状等に関する記述のうち、正しいものはどれか。

(51)　ナトリウム
1　黄色から赤黄色の固体である。水にほとんど溶けない。
2　銀白色の固体である。水と激しく反応する。
3　青色の結晶である。風解性がある。
4　暗赤色の針状結晶である。強い酸化作用を有する。

(52)　塩素
1　無色又は白色の結晶性粉末である。マッチ、爆発物の製造に用いられる。
2　潮解性を有する無色の固体である。除草剤として用いられる。
3　暗赤色の結晶である。煙火用、媒染剤として用いられる。
4　黄緑色の気体である。漂白剤(さらし粉)の原料として用いられる。

(53)　エチレンオキシド
1　吸湿性のある無色の針状結晶である。化学式は NH_2OH である。
2　可燃性のある無色の気体である。化学式は $(CH_2)_2O$ である。
3　無色で特異な不快臭を有する液体である。化学式は $HSCH_2CH_2OH$ である。
4　特異臭のある無色又は白色の結晶である。化学式は C_6H_5OH である。

(54)　酸化カドミウム(Ⅱ)
1　赤褐色の粉末で、水に不溶である。安定剤の原料として用いられる。
2　白色の粉末で、水に溶けやすい。めっきに使用される。
3　無色の光沢のある結晶である。染料の原料として用いられる。
4　褐色の粘稠液体である。殺虫剤として用いられる。

(55)　臭素
1　魚臭様の臭いのある気体である。界面活性剤の原料として用いられる。
2　腐ったキャベツ様の悪臭のある引火性の気体である。殺虫剤として用いられる。
3　刺激臭のある赤褐色の液体である。アニリン染料の製造に用いられる。
4　無色の液体である。ポリウレタン繊維の製造原料に用いられる。

問 12　次の(56)～(60)の毒物又は劇物の性状等に関する記述のうち、正しいものはどれか。

(56)　ニトロベンゼン
1　特異臭のある無色の気体である。特殊材料ガスとして用いられる。
2　無色又は微黄色の油状液体である。純アニリンの製造原料として用いられる。
3　橙赤色の結晶である。酸化剤として用いられる。
4　茶褐色の粉末である。電池の製造に用いられる。

(57) 2，2'－ジピリジリウム－1，1'－エチレンジブロミド(ジクワットとも呼ばれる。)
 1 無色の液体である。水酸化アルカリ又は熱無機酸で加水分解されて安息香酸になる。
 2 淡黄色の固体で、水に溶けやすい。中性又は酸性条件下では安定である。
 3 無色の気体で、腐った魚の臭いを有する。ハロゲンと激しく反応する。
 4 黄色から赤色の重い固体である。水に極めて溶けにくい。

(58) 臭化銀
 1 無色の気体である。半導体配線の原料として用いられる。
 2 金属光沢をもつ銀白色の軟らかい固体である。試薬として用いられる。
 3 引火性を有する無色の液体である。合成繊維の原料として用いられる。
 4 白色又は淡黄色の固体である。写真感光材料として用いられる。

(59) シアナミド
 1 青色の結晶である。加熱分解して酸化硫黄を発生する。
 2 無色の気体である。水と接触すると弗化水素を発生する。
 3 黄橙色の粉末である。水にほとんど溶けない。
 4 無色又は白色の結晶である。水によく溶ける。

(60) アニリン
 1 無色又は淡黄色の液体で、特有の臭気があり、空気に触れると赤褐色になる。化学式は $C_6H_5NH_2$ である。
 2 強アンモニア臭を有する気体で、水によく溶ける。化学式は $(CH_3)_2NH$ である。
 3 橙赤色の結晶で、水に溶けやすい。化学式は $(NH_4)_2Cr_2O_7$ である。
 4 無色又は白色の結晶で、水溶液はガラスを腐食する。化学式は NH_4HF_2 である。

問 13 4つの容器に A ～ D の物質が入っている。それぞれの物質は、エピクロルヒドリン、塩基性炭酸銅、水素化砒素、沃素のいずれかであり、それぞれの性状等は次の表のとおりである。(61)～(65)の間に答えなさい。

物質	性　状　等
A	無色の液体である。クロロホルムに似た刺激臭がある。
B	黒灰色又は黒紫色で金属様の光沢がある結晶である。昇華性がある。
C	無色のニンニク臭を有する気体である。
D	緑色の結晶性粉末である。酸やアンモニアに溶ける。

(61) A～Dにあてはまる物質について、正しい組合せはどれか。

	A	B	C	D
1	エピクロルヒドリン	沃素	水素化砒素	塩基性炭酸銅
2	エピクロルヒドリン	塩基性炭酸銅	水素化砒素	沃素
3	水素化砒素	沃素	エピクロルヒドリン	塩基性炭酸銅
4	水素化砒素	塩基性炭酸銅	エピクロルヒドリン	沃素

(62) 物質 A の化学式として、正しいものはどれか。
　　　1　C_3H_5ClO　　2　AsH_3　　　3　$POCl_3$　　　4　SbH_3

(63)　物質Bの別名又は性質等に関する記述について、正しいものはどれか。

　　　1　マラカイトとも呼ばれる。
　　　2　蒸気は多くの金属と反応し、それを腐食する。
　　　3　アルコール、エーテルにほとんど溶けない。
　　　4　無臭である。

(64)　物質Dの廃棄方法として、最も適切なものはどれか。

　　　1　希釈法　　　2　中和法　　　3　活性汚泥法　　　4　焙焼法

(65)　物質A〜Dに関する毒物及び劇物取締法上の規制区分について、正しいものはどれか。

　　　1　物質Aは毒物、物質B、C、Dは劇物である。
　　　2　物質Bは毒物、物質A、C、Dは劇物である。
　　　3　物質Cは毒物、物質A、B、Dは劇物である。
　　　4　すべて劇物である。

問14　あなたの店舗ではトルエンを取り扱っています。次の（66）〜（70）の問に答えなさい。

(66)　「性状や規制区分について教えてください。」という質問を受けました。質問に対する回答の正誤について、正しい組合せはどれか。

	a	b	c
a　無臭の液体です。			
b　エタノールに溶けません。	1	正	誤	正
c　劇物に指定されています。	2	正	誤	誤
	3	誤	正	誤
	4	誤	誤	正

(67)　「人体に対する影響や応急措置について教えてください。」という質問を受けました。質問に対する回答の正誤について、正しい組合せはどれか。

	a	b	c
a　吸入すると、麻酔状態になることがあります。	1	正	正	正
b　皮膚に触れた場合、皮膚の炎症を起こすことがあります。	2	正	正	誤
c　目に入った場合は、直ちに多量の水で十分に洗い流してください。	3	正	誤	正
	4	誤	正	正

(68)　「取扱いの注意事項について教えてください。」という質問を受けました。質問に対する回答の正誤について、正しい組合せはどれか。

	a	b	c
a　酸化剤と反応することがあるので、接触させないでください。	1	正	正	誤
b　熱源や着火源から離れた通風のよい乾燥した場所に保管してください。	2	正	誤	正
c　ガラスを腐食するので、プラスチック製の容器に保管してください。	3	誤	正	正
	4	誤	正	誤

(69) 「性質について教えてください。」という質問を受けました。質問に対する回答の正誤について、正しい組合せはどれか。

a 空気中の酸素によって一部が酸化されて、ぎ酸を生じます。
b 揮発した蒸気は空気より重いです。
c ベンゼン、エーテルによく溶けます。

	a	b	c
1	正	正	正
2	正	誤	誤
3	誤	正	正
4	誤	誤	正

(70) 「廃棄方法について教えてください。」という質問を受けました。質問に対する回答として、最も適切なものはどれか。

1 水で希薄な水溶液とし、希塩酸で中和させた後、多量の水で希釈して処理します。
2 徐々に石灰乳等の攪拌溶液に加え中和させた後、多量の水で希釈して処理します。
3 珪そう土等に吸収させて開放型の焼却炉で少量ずつ燃焼します。
4 活性汚泥法で処理します。

問15 4つの容器にA～Dの物質が入っている。それぞれの物質は、塩素酸ナトリウム、ぎ酸、クロルピクリン、EPNのいずれかであり、それぞれの性状等は次の表のとおりである。(71)～(75)の問に答えなさい。

物質	性　状　等
A	無色から白色の結晶である。水に溶けやすい。
B	無色で刺激臭の液体である。水に溶けやすい。
C	催涙性を有する無色透明又は淡黄色の油状の液体である。水にほとんど溶けない。
D	白色又は淡黄色の結晶である。水にほとんど溶けないが、ベンゼンやトルエン等の有機溶剤に溶ける。

EPN：エチルパラニトロフェニルチオノベンゼンホスホネイト

(71) A～Dにあてはまる物質について、正しい組合せはどれか。

	A	B	C	D
1	EPN	クロルピクリン	ぎ酸	塩素酸ナトリウム
2	EPN	ぎ酸	クロルピクリン	塩素酸ナトリウム
3	塩素酸ナトリウム	ぎ酸	クロルピクリン	EPN
4	塩素酸ナトリウム	クロルピクリン	ぎ酸	EPN

(72) 物質Aを含有する製剤の主な用途として、正しいものはどれか。

1 植物成長調整剤　　2 除草剤　　3 殺鼠剤　　4 有機燐系殺虫剤

(73) 物質Bに関する記述の正誤について、正しい組合せはどれか。

a 毒物に指定されている。
b 吸入した場合、鼻、のど、気管支等の粘膜を刺激し、炎症を起こす。
c 皮なめし助剤として用いられる。

	a	b	c
1	正	正	正
2	正	正	誤
3	正	誤	正
4	誤	正	正

(74) 物質 C の化学式として、正しいものはどれか。

1

          $ClCH_2COCl$

2

3

          $HCOOH$

4

          Cl_3CNO_2

(75) 物質 D の中毒時の解毒に用いられる物質として、正しいものはどれか。

1　亜硝酸アミル　　　　　　　　　　2　チオ硫酸ナトリウム
3　ジメルカプロール(BAL とも呼ばれる。)　　4　硫酸アトロピン

（農業用品目）

問 10　次の(46)～(50)の記述にあてはまる農薬の成分を次の「選択肢」からそれぞれ選びなさい。

(46)　0.6 ％以下を含有するものを除き、劇物に指定されている。10 ％含有の水和剤が市販されている。いちご及びぶどう等のハスモンヨトウ等に適用される呼吸阻害作用のある殺虫剤の成分である。

(47)　1 ％以下を含有するものを除き、劇物に指定されている。10 ％含有の水和剤、乳剤等が市販されている。かんきつのアブラムシ類、もものシンクイムシ類等の駆除に用いられるピレスロイド系殺虫剤の成分である。

(48)　劇物に指定されている。50 ％含有の粒剤、60 ％含有の水溶剤が市販されている。一年生及び多年生雑草に適用される非選択性の接触型除草剤の成分である。

(49)　2 ％以下を含有するものを除き、劇物に指定されている。20 ％含有の水溶剤、18 ％含有の液剤、15 ％含有のくん煙剤が市販されている。水溶剤及び液剤は、かんきつ、ばれいしょのアブラムシ類等に、くん煙剤はいちご及びピーマンのアブラムシ類等に適用されるネオニコチノイド系殺虫剤の成分である。

(50)　1 ％以下を含有し、黒色に着色され、かつ、トウガラシエキスを用いて著しくからく着味されているものを除き、劇物に指定されている。3 ％含有の粒剤が市販されている。野ねずみに適用される殺鼠剤の成分である。

【選択肢】
1　トランス－N－（6－クロロ－3－ピリジルメチル）－N'－シアノ－N－メチルアセトアミジン（別名：アセタミプリド）
2　燐化亜鉛
3　(RS)－シアノ－(3－フェノキシフェニル)メチル＝2，2，3，3－テトラメチルシクロプロパンカルボキシラート（別名：フェンプロパトリン）
4　4－ブロモ－2－(4－クロロフェニル)－1－エトキシメチル－5－トリフルオロメチルピロール－3－カルボニトリル(クロルフェナピルとも呼ばれる。)
5　塩素酸ナトリウム（クロル酸ソーダとも呼ばれる。）

問 11　4つの容器に A ～ D の物質が入っている。それぞれの物質は、農薬の成分の
オキサミル、クロルピクリン、クロルメコート、テフルトリンのいずれかであり、
それぞれの性状・性質及び用途は次の表のとおりである。(51)～(55)の問に答え
なさい。

物質	性状・性質	用途
A	白色の結晶である。アセトン、水に溶けやすい。	なす、きゅうりのアブラムシ類の殺虫剤として用いられる。
B	催涙性及び刺激臭のある無色又は微黄色の液体である。水にほとんど溶けない。	土壌くん蒸剤として用いられる。
C	白色又は淡褐色の固体である。水にほとんど溶けない。	キャベツ、はくさいのネキリムシ類の殺虫剤として用いられる。
D	白色又は淡黄色の固体である。エーテルに不溶で、水によく溶ける。	小麦の植物成長調整剤として用いられる。

オキサミル　　：メチル－N’，N’－ジメチル－N［(メチルカルバモイル)オキシ］－1－チオオキサムイミデート
クロルメコート：2－クロルエチルトリメチルアンモニウムクロリド
テフルトリン　：2，3，5，6－テトラフルオロ－4－メチルベンジル＝(Z)－(1 RS，3 RS)－3－(2－クロ
　　　　　　　　ロ－3，3，3－トリフルオロ－1－プロペニル)－2，2－ジメチルシクロプロパンカルボキ
　　　　　　　　シラート

(51)　A ～ D にあてはまる物質について、正しい組合せはどれか。

	A	B	C	D
1	オキサミル	クロルピクリン	テフルトリン	クロルメコート
2	オキサミル	テフルトリン	クロルピクリン	クロルメコート
3	クロルメコート	クロルピクリン	テフルトリン	オキサミル
4	クロルメコート	テフルトリン	クロルピクリン	オキサミル

(52)　物質 A の中毒時の解毒に用いられる物質として、正しいものはどれか。

1　硫酸アトロピン
2　メチレンブルー
3　ジメルカプロール(BAL とも呼ばれる。)
4　2－ピリジンアルドキシムメチオダイド(別名：PAM)

(53)　物質 B の廃棄方法として、最も適切なものはどれか。

1　チオ硫酸ナトリウムの水溶液に希硫酸を加えて酸性にし、この中に少量ずつ
投入する。反応終了後、反応液を中和し多量の水で希釈して処理する。
2　少量の界面活性剤を加えた亜硫酸ナトリウムと炭酸ナトリウムの混合溶液中
で、撹拌し分解させた後、多量の水で希釈して処理する。
3　木粉（おが屑）等に吸収させてアフターバーナー及びスクラバーを具備した
焼却炉で焼却する。
4　セメントを用いて固化し、溶出試験を行い、溶出量が判定基準以下であるこ
とを確認して埋立処分する。

(54) 物質 C の化学式として、正しいものはどれか。

1

Cl₃CNO₂

2

3

4

(55) 物質 D を含有する製剤の毒物及び劇物取締法上の規制区分について、正しいものはどれか。

1 毒物に指定されている。
2 毒物に指定されている。ただし、3％以下を含有するものは劇物に指定されている。
3 劇物に指定されている。
4 劇物に指定されている。ただし、3％以下を含有するものを除く。

問12 あなたの店舗では、2，2'－ジピリジリウム－1，1'－エチレンジブロミド(ジクワットとも呼ばれる。)のみを有効成分として含有する農薬を取り扱っています。(56)～(60)の問に答えなさい。

(56) この農薬の主な用途として、正しいものはどれか。

1 植物成長調整剤　　　　2 殺鼠剤　　　3 殺虫剤　　　4 除草剤

(57) ジクワットの化学式として、正しいものはどれか。

1

2

3

4

(58) ジクワットの性状及び性質として、正しいものはどれか。

1 暗赤色又は暗灰色の固体で、水に極めて溶けにくい。
2 無色から黄褐色の液体で、水にほとんど溶けない。
3 淡黄色の固体で、水に溶けやすい。
4 赤褐色の液体で、水に溶けやすい。

(59) ジクワットの廃棄方法として、最も適切なものはどれか。

1 多量の水を加え希薄な水溶液とした後、次亜塩素酸塩水溶液を加え分解させ廃棄する。
2 木粉（おが屑）等に吸収させてアフターバーナー及びスクラバーを具備した焼却炉で焼却する。
3 水に溶かし、希硫酸を加えて中和し、沈殿ろ過して埋立処分する。
4 少量の界面活性剤を加えた亜硫酸ナトリウムと炭酸ナトリウムの混合溶液中で、撹拌し分解させた後、多量の水で希釈して処理する。

(60) ジクワットのみを含有する製剤の毒物及び劇物取締法上の規制区分について、正しいものはどれか。

1 毒物に指定されている。
2 毒物に指定されている。ただし、2％以下を含有するものは劇物に指定されている。
3 劇物に指定されている。
4 劇物に指定されている。ただし、2％以下を含有するものを除く。

（特定品目）

問10 4つの容器にA～Dの物質が入っている。それぞれの物質はキシレン、硅弗化ナトリウム、重クロム酸カリウム、メタノールのいずれかであり、それぞれの性状・性質及び廃棄方法の例は次の表のとおりである。(46)～(50)の問に答えなさい。

物質	性状・性質	廃 棄 方 法 の 例
A	白色の固体である。水に溶けにくい。	水に溶かし、消石灰等の水溶液を加えて処理した後、希硫酸を加えて中和し、沈殿ろ過して埋立処分する。
B	無色透明な液体である。水にどんな割合でも溶ける。	活性汚泥法により処理する。
C	橙赤色の固体である。水に溶けやすい。	希硫酸に溶かし、硫酸第一鉄等の水溶液を過剰に用いて還元する。消石灰等の水溶液で処理し、沈殿ろ過する。溶出試験を行い、溶出量が判定基準以下であることを確認して埋立処分する。
D	無色透明な液体である。水にほとんど溶けない。	硅そう土等に吸収させて開放型の焼却炉で少量ずつ焼却する。

(46) A〜Dにあてはまる物質について、正しい組合せはどれか。

	A	B	C	D
1	硅弗化ナトリウム	メタノール	重クロム酸カリウム	キシレン
2	硅弗化ナトリウム	キシレン	重クロム酸カリウム	メタノール
3	重クロム酸カリウム	キシレン	硅弗化ナトリウム	メタノール
4	重クロム酸カリウム	メタノール	硅弗化ナトリウム	キシレン

(47) 物質Aの化学式として、正しいものはどれか。

　　1　$Na_2C_2O_4$　　　2　$K_2Cr_2O_7$　　　3　$LiBF_4$　　　4　Na_2SiF_6

(48) 物質Bに関する記述として、正しいものはどれか。

　　1　キシロールとも呼ばれる。
　　2　あらかじめ熱灼した酸化銅を加えると、ホルムアルデヒドができ、酸化銅は還元されて金属銅色を呈する。
　　3　水溶液を白金線につけて無色の火炎中に入れると、火炎は著しく黄色に染まり、長時間続く。
　　4　10％を含有する製剤は劇物である。

(49) 物質Cに関する記述の正誤について、正しい組合せはどれか。

a　強い吸湿性がある。
b　加熱分解して、四弗化硅素ガスを発生する。
c　強力な酸化剤である。

	a	b	c
1	正	正	誤
2	正	誤	正
3	誤	正	誤
4	誤	誤	正

(50) 物質Dに関する記述の正誤について、正しい組合せはどれか。

a　引火性がある。
b　ジメチルベンゼンとも呼ばれる。
c　劇物に指定されている。

	a	b	c
1	正	正	正
2	正	正	誤
3	正	誤	正
4	誤	正	正

問11　次は、過酸化水素及び過酸化水素水に関する記述である。(51)〜(55)の問に答えなさい。

(51) 次の記述の（①）〜（③）にあてはまる字句として、正しい組合せはどれか。

過酸化水素水は（①）の液体である。過酸化水素の化学式は（②）であり、分解すると（③）と水を生じる。

	①	②	③
1	無色	HCl	塩素
2	無色	H_2O_2	酸素
3	赤褐色	HCl	酸素
4	赤褐色	H_2O_2	塩素

(52)　過酸化水素水(過酸化水素 35 %を含む水溶液)の性質に関する記述の正誤について、正しい組合せはどれか。

	a	b	c
1	正	正	誤
2	正	誤	正
3	誤	正	誤
4	誤	誤	正

a　光に対して安定である。
b　強アルカリ性を示す。
c　酸化、還元の両作用を有している。

(53)　過酸化水素水(過酸化水素 35 %を含む水溶液)の人体に対する影響や応急措置の正誤について、正しい組合せはどれか。

	a	b	c
1	正	正	正
2	正	正	誤
3	正	誤	正
4	誤	正	正

a　皮膚に付着すると薬傷を起こすことがある。
b　皮膚に付着した場合は、直ちに付着部を多量の水で十分に洗い流す。
c　目に入った場合、角膜が侵され、失明することがある。

(54)　過酸化水素水(過酸化水素 35 %を含む水溶液)の廃棄方法として、最も適切なものはどれか。

1　セメントを用いて固化し、溶出試験を行い、溶出量が判定基準以下であることを確認して埋立処分する。
2　多量の水で希釈して処理する。
3　アフターバーナーを具備した焼却炉の火室へ噴霧し焼却する。
4　ナトリウム塩とした後、活性汚泥法で処理する。

(55)　次のa～dの過酸化水素水のうち、劇物に該当するものとして、正しいものはどれか。

a　過酸化水素を25 %含有する水溶液　　b　過酸化水素を12 %含有する水溶液
c　過酸化水素を9 %含有する水溶液　　　d　過酸化水素を5 %含有する水溶液

　1　aのみ　　　2　a、bのみ　　　　3　a、b、cのみ　　　　4　a、b、c、d

問 12　あなたの店舗ではトルエンを取り扱っています。次の (56) ～ (60) の問に答えなさい。

(56)　「性状や規則区分について教えてください。」という質問を受けました。質問に対する回答の正誤について、正しい組合せはどれか。

	a	b	c
1	正	誤	正
2	正	誤	誤
3	誤	正	誤
4	誤	誤	正

a　無臭の液体です。
b　エタノールに溶けません。
c　劇物に指定されています。

(57)　「人体に対する影響や応急措置について教えてください。」という質問を受けました。質問に対する回答の正誤について、正しい組合せはどれか。

	a	b	c
1	正	正	正
2	正	正	誤
3	正	誤	正
4	誤	正	正

a　吸入すると、麻酔状態になることがあります。
b　皮膚に触れた場合、皮膚の炎症を起こすことがあります。
c　目に入った場合は、直ちに多量の水で十分に洗い流してください。

(58) 「取扱いの注意事項について教えてください。」という質問を受けました。質問に対する回答の正誤について、正しい組合せはどれか。

a 酸化剤と反応することがあるので、接触させないでください。

b 熱源や着火源から離れた通風のよい乾燥した場所に保管してください。

c ガラスを腐食するので、プラスチック製の容器に保管してください。

	a	b	c
1	正	正	誤
2	正	誤	正
3	誤	正	正
4	誤	正	誤

(59) 「性質について教えてください。」という質問を受けました。質問に対する回答の正誤について、正しい組合せはどれか。

a 空気中の酸素によって一部が酸化されて、ぎ酸を生じます。

b 揮発した蒸気は空気より重いです。

c ベンゼン、エーテルによく溶けます。

	a	b	c
1	正	正	正
2	正	誤	誤
3	誤	正	正
4	誤	誤	正

(60) 「廃棄方法について教えてください。」という質問を受けました。質問に対する回答として、最も適切なものはどれか。

1 水で希薄な水溶液とし、希塩酸で中和させた後、多量の水で希釈して処理します。

2 徐々に石灰乳等の攪拌溶液に加え中和させた後、多量の水で希釈して処理します。

3 硅そう土等に吸収させて開放型の焼却炉で少量ずつ燃焼します。

4 活性汚泥法で処理します。

東京都
令和元年度

〔実　地〕

（一般）

問 11 次の(51)～(55)の毒物又は劇物の性状等に関する記述のうち、正しいものはどれか。

(51) ジメチルアミン

　　1　強アンモニア臭を有する気体である。水に溶けやすく、その水溶液はアルカリ性を示す。
　　2　特異臭を有する無色から淡褐色の液体である。水にほとんど溶けない。
　　3　赤色又は黄色の結晶である。熱あるいは衝撃により爆発する。
　　4　白色の固体である。空気に触れると、水分を吸収して潮解する。

(52) ピロリン酸第二銅

　　1　無色又は淡黄色の液体である。土壌燻蒸(くん)に用いられる。
　　2　無色の結晶性粉末である。殺鼠剤に用いられる。
　　3　黒灰色又は黒紫色の金属様の光沢をもつ結晶である。分析用試薬に用いられる。
　　4　淡青色の粉末である。めっきに用いられる。

(53) 一酸化鉛

　　1　無色の液体である。ジクロルボスとも呼ばれる。
　　2　無色の気体である。アルシンとも呼ばれる。
　　3　黄色から赤色の固体である。リサージとも呼ばれる。
　　4　暗緑色の固体である。マラカイトとも呼ばれる。

(54) セレン化水素

　　1　無色のニンニク臭を有する気体である。ドーピングガスとして用いられる。
　　2　金属光沢を有する銀白色の重い液体である。寒暖計や体温計に用いられる。
　　3　茶褐色の粉末である。酸化剤として使用されるほか、電池の製造に用いられる。
　　4　無色の光沢のある結晶である。染料の原料として用いられる。

(55) モノクロル酢酸

　　1　無色の刺激臭を有する液体である。化学式は CH_2O_2 である。
　　2　赤褐色の粉末である。化学式は Ag_2CrO_4 である。
　　3　無色の潮解性がある結晶である。化学式は $C_2H_3ClO_2$ である。
　　4　淡黄褐色の液体である。化学式は $C_6H_{12}Cl_2O$ である。

問 12 次の(56)～(60)の毒物又は劇物の性状等に関する記述のうち、正しいものはどれか。

(56) メチルメルカプタン

　　1　赤色又は椎黄色の粉末である。顔料として用いられる。
　　2　酢酸臭を有する白色の粉末である。殺鼠剤(そ)として用いられる。
　　3　腐ったキャベツ様の臭気を有する無色の気体である。付臭剤として用いられる。
　　4　刺激臭を有する無色の液体である。特殊材料ガスの原料として用いられる。

(57)　アクリルアミド
  1　白色又は無色の結晶である。直射日光や高温にさらされると重合する。
  2　アンモニア様の臭気を有する無色の液体である。空気中で発煙する。
  3　青緑色の結晶である。潮解性を有する。
  4　黄緑色の気体である。水分の存在下で多くの金属を腐食する。

(58)　無水クロム酸
  1　エーテル様の臭いを有する無色の気体である。空気と混合すると爆発性の混合ガスとなる。
  2　無色から褐色の液体である。光により一部分解する。
  3　銀白色の固体である。水と激しく反応する。
  4　暗赤色の固体である。水によく溶け、強い酸化作用を有する。

(59)　五酸化バナジウム
  1　黄色から赤色の固体である。触媒として用いられる。
  2　昇華性を有する無色の固体である。木や藁（わら）の漂白剤として用いられる。
  3　無色の液体である。コーティング加工用樹脂の原料として用いられる。
  4　刺激臭を有する赤褐色の液体である。化学合成繊維の難燃剤として用いられる。

(60)　2，3－ジヒドロ－2，2－ジメチル－7－ベンゾ［b］フラニル－N－ジブチルアミノチオ－N－メチルカルバマート（別名：カルボスルファン）
  1　淡黄色又は橙色の固体である。顔料として用いられる。
  2　褐色の粘稠（ちゅう）液体である。殺虫剤として用いられる。
  3　無色の液体である。合成繊維、合成ゴム及び合成樹脂の原料として用いられる。
  4　白色の固体である。殺鼠（そ）剤として用いられる。

問13　4つの容器にA～Dの物質が入っている。それぞれの物質は、過酸化尿素、ジボラン、ブロムエチル、硫酸銅（Ⅱ）五水和物のいずれかであり、それぞれの性状等は次の表のとおりである。(61)～(65)の問に答えなさい。

物質	性　状　等
A	無色のビタミン臭を有する気体で、水により加水分解し、ホウ酸と水素を生成する。
B	白色の固体で、空気中で尿素、水及び酸素に分解することがある。
C	揮発性のある無色の液体で、日光や空気に触れると分解して褐色を呈する。
D	青色の固体で、風解比がある。

(61)　A～Dにあてはまる物質について、正しい組合せはどれか。

	A	B	C	D
1	ジボラン	硫酸銅（Ⅱ）五水和物	ブロムエチル	過酸化尿素
2	ジボラン	過酸化尿素	ブロムエチル	硫酸銅（Ⅱ）五水和物
3	ブロムエチル	硫酸銅（Ⅱ）五水和物	ジボラン	過酸化尿素
4	ブロムエチル	過酸化尿素	ジボラン	硫酸銅（Ⅱ）五水和物

(62)　物質Aの化学式として、正しいものはどれか。

　　　　1　CH_3Br　　2　B_2H_6　　　3　BCl_3　　　4　C_2H_5Br

(63)　物質Bの廃棄方法として、最も適切なものはどれか。

　　　　1　燃焼法　　　2　固化隔離法　　　3　沈殿法　　　4　希釈法

(64)　物質Cの主な用途として、正しいものはどれか。

　　　　1　めっきの材料　　　2　特殊材料ガス
　　　　3　アルキル化剤　　　4　毛髪の脱色剤

(65)　物質 A ～ D に関する毒物及び劇物取締法上の規制区分について、正しいもの
はどれか。

　　　　1　物質Aは毒物、物質B、C、Dは劇物である。
　　　　2　物質Bは毒物、物質A、C、Dは劇物である。
　　　　3　物質Cは毒物、物質A、B、Dは劇物である。
　　　　4　すべて劇物である。

問 14　あなたの店舗ではクロロホルムを取り扱っています。次の (66) ～ (70) の問
に答えなさい。

(66)　「性状や規制区分について教えてください。」という質問を受けました。質問
に対する回答の正誤について、正しい組合せはどれか。

a　無色で特異臭がある液体です。
b　水によく溶けます。
c　毒物に指定されています。

	a	b	c
1	正	正	誤
2	正	誤	誤
3	誤	正	正
4	正	誤	正

(67)　「人体に対する影響や応急措置について教えてください。」という質問を受け
ました。質問に対する回答の正誤について、正しい組合せはどれか。

a　吸入すると、強い麻酔作用があり、めまい、頭痛、
　吐き気を生じることがあります。
b　眼に入った場合は、直ちに多量の水で 15 分間以上
　洗い流してください。
c　皮膚に触れた場合、皮膚から吸収され、吸入した場
　合と同様の中毒症状を起こすことがあります。

	a	b	c
1	正	正	正
2	正	正	誤
3	正	誤	正
4	誤	正	正

(68)　「取扱い及び保管上の注意事項について教えてください。」という質問を受け
ました。質問に対する回答の正誤について、正しい組合せはどれか。

a　適切な保護具を着用し、屋外又は換気のよい場所で
　のみ使用してください。
b　熱源や着火源から離れた通風のよい乾燥した冷暗所
　に保管してください。
c　ガラスを激しく腐食するので、ガラス容器を避けて
　保管してください。

	a	b	c
1	正	正	誤
2	正	誤	誤
3	誤	正	正
4	誤	誤	正

(69) 「性質について教えてください。」という質問を受けました。質問に対する回答として、最も適切なものはどれか。

1 光、熱などに反応して、四弗化硅素（しふっかけいそ）を発生することがあります。
2 光、熱などに反応して、硫化水素を発生することがあります。
3 光、熱などに反応して、酸化窒素を発生することがあります。
4 光、熱などに反応して、ホスゲンを発生することがあります。

(70) 「廃棄方法について教えてください。」という質問を受けました。質問に対する回答として、最も適切なものはどれか。

1 ナトリウム塩とした後、活性汚泥で処理します。
2 多量の水に希釈して処理します。
3 過剰の可燃性溶剤又は重油等の燃料とともに、アフターバーナー及びスクラバーを備えた焼却炉の火室へ噴霧してできるだけ高温で焼却します。
4 水を加えて希薄な水溶液とし、希塩酸で中和させた後、多量の水で希釈して処理します。

問15 4つの容器にA～Dの物質が入っている。それぞれの物質は、硝酸銀、ダイアジノン、硫化カドミウム、燐化亜鉛（りんかあえん）のいずれかであり、それぞれの性状等は次の表のとおりである。(71)～(75)の問に答えなさい。

物質	性　状　等
A	暗赤色から暗灰色の結晶性粉末である。塩酸と反応してホスフインを発生する。
B	無色から白色の結晶である。光によって黒変する。
C	無色の液体である。かすかにエステル臭を有する。
D	淡黄色から濃橙色の結晶性粉末である。水には極めて溶けにくい。

ダイアジノン：2－イソプロピル－4－メチルピリミジル－6－ジエチルチオホスフェイト

(71) A～Dにあてはまる物質について、正しい組合せはどれか。

	A	B	C	D
1	ダイアジノン	硝酸銀	燐化亜鉛（りん）	硫化カドミウム
2	燐化亜鉛（りん）	硝酸銀	ダイアジノン	硫化カドミウム
3	ダイアジノン	硫化カドミウム	燐化亜鉛（りん）	硝酸銀
4	燐化亜鉛（りん）	硫化カドミウム	ダイアジノン	硝酸銀

(72) 物質Aを含有する製剤の主な用途として、正しいものはどれか。

1 植物成長調整剤　　2 除草剤　　3 土壌燻蒸剤（くん）　　4 殺鼠剤（そ）

(73) 物質Bの廃棄方法として、最も適切なものはどれか。

1 水に溶かし、食塩水を加えて生じた沈殿物を濾過（ろ）する。
2 可燃性溶剤とともにアフターバーナー及びスクラバーを備えた焼却炉の火室へ噴霧し、焼却する。
3 セメントで固化し、溶出試験を行い、溶出量が判定基準以下であることを確認して埋立処分する。
4 多量の次亜塩素酸ナトリウムと水酸化ナトリウムの混合水溶液を攪拌（かくはん）しながら少量ずつ加えて酸化分解する。過剰の次亜塩素酸ナトリウムをチオ硫酸ナトリウム水溶液等で分解した後、希硫酸を加えて中和し、沈殿濾過（ろ）して埋立処分する。

(74)　物質 C の化学式として、正しいものはどれか。

1

2

3
Zn₃P₂

4
CCl₃NO₂

(75)　物質 A ～ D に関する毒物及び劇物取締法上の規制区分について、正しいものは
どれか。

1　物質 A、B は毒物、物質 C、D は劇物である。
2　物質 C は毒物、物質 A、B、D は劇物である。
3　物質 D は毒物、物質 A、B、C は劇物である。
4　すべて劇物である。

（農業用品目）

問 10　次の(46)～(50)の記述にあてはまる農薬の成分を次の「選択肢」からそれぞれ
選びなさい。

(46)　0.5 ％以下を含有するものを除き、劇物に指定されている。5 ％含有の乳剤が
市販されている。はくさいのアオムシ、いんげんまめのアブラムシ類等に適用さ
れるピレスロイド系殺虫剤の成分である。

(47)　3 ％以下を含有するものを除き、劇物に指定されている。30 ‰含有の水和剤が
市販されている。果樹のシンクイムシ類、茶のチャノホソガ等に適用されるネオ
ニコチノイド系殺虫剤の成分である。

(48)　毒物（50 ％以下を含有するものは劇物）に指定されている。42 ％含有の水和
剤が市販されている。かきのうどんこ病やりんごの黒点病等に適用される殺菌剤
の成分である。

(49)　毒物（0.005 ％以下を含有するものは劇物）に指定されている。0.005 ％含有
の粒剤が市販されている。野ねずみに適用される殺鼠剤の成分である。

(50)　毒物（45 ％以下を含有するものは劇物）に指定されている。45 ％含有の水和
剤、1.5 ％含有の粉粒剤が市販されている。かんしょのハスモンヨトウやキャ
ベツのアブラムシ等に適用されるカーバメート系殺虫剤の成分である。

【選択肢】
1　2，3－ジシアノ－1，4－ジチアアントラキノン
　（別名：ジチアノン）
2　α－シアノ－4－フルオロ－3－フェノキシベンジル＝3－（2，2－ジク
ロロビニル）－2，2－ジメチルシクロプロパンカルボキシラート
　（シフルトリンとも呼ばれる。）

3　2－ジフェニルアセチル－1，3－インダンジオン
　　　　（ダイファシノンとも呼ばれる。）
　　4　3－（6－クロロピリジン－3－イルメチル）－1，3－チアゾリジン－2
　　　　－イリデンシアナミド
　　　　（別名：チアクロプリド）
　　5　S－メチル－N－［(メチルカルバモイル)－オキシ］－チオアセトイミデート
　　　　（別名：メトミル）

問11　4つの容器に A ～ D の物質が入っている。それぞれの物質は、農薬の成分の
　　　トリシクラゾール、パラコート、燐化亜鉛、DMTP のいずれかであり、それぞれ
　　　の性状・性質及び用途は次の表のとおりである。(51)～(55)の問に答えなさい。

物質	性状・性質	用途
A	灰白色の結晶である。水に溶けにくいが、有機溶媒には溶ける。	みかんのヤノネカイガラムシ（幼虫～未成熟成虫）等に適用される有機燐系殺虫剤として用いられる。
B	暗赤色から暗灰色の結晶性粉末であり、水に極めて溶けにくい。塩酸と反応してホスフィンを発生する。	殺鼠剤として用いられる。
C	無色の結晶で、水に溶けにくい。	主に稲のいもち病の殺菌剤として用いられる。
D	無色又は白色の吸湿性結晶で、水に溶けやすく、アルカリ性で不安定である。	除草剤として用いられる。

DMTP　　　　：3－ジメチルジチオホスホリル－S－メチル－5－メトキシ－1，3，4－チアジアゾリン－2－オン
パラコート　　：1，1'－ジメチル－4，4'－ジピリジニウムジクロリド
トリシクラゾール：5－メチル－1，2，4－トリアゾロ［3，4－b］ベンゾチアゾール

(51)　A～D にあてはまる物質について、正しい組合せはどれか。

	A	B	C	D
1	DMTP	燐化亜鉛	トリシクラゾール	パラコート
2	燐化亜鉛	DMTP	パラコート	トリシクラゾール
3	DMTP	燐化亜鉛	パラコート	トリシクラゾール
4	燐化亜鉛	DMTP	トリシクラゾール	パラコート

(52)　物質 A の中毒時の解毒に用いられる物質として、正しいものはどれか。

　　1　硫酸アトロピン
　　2　メチレンブルー
　　3　ジメルカプロール(BAL とも呼ばれる。)
　　4　L－システイン

(53) 物質Bの廃棄方法として、最も適切なものはどれか。

1 木粉（おが屑）等の可燃物に混ぜて、スクラバーを備えた焼却炉で焼却する。
2 少量の界面活性剤を加えた亜硫酸ナトリウムと炭酸ナトリウムの混合溶液中で、攪拌し分解させた後、多量の水で希釈して処理する。
3 そのまま再利用するため蒸留する。
4 セメントを用いて固化し、埋立処分する。

(54) 物質Cを含有する製剤の毒物及び劇物取締法上の規制区分について、正しいものはどれか。

1 劇物に指定されている。
2 劇物に指定されている。ただし、8％以下を含有するものを除く。
3 毒物に指定されている。
4 毒物に指定されている。ただし、8％以下を含有するものは劇物に指定されている。

(55) 物質Dの化学式として、正しいものはどれか。

1

2

Zn_3P_2

3

4

問12 あなたの店舗では、N－メチル－1－ナフチルカルバメート（NAC、カルバリルとも呼ばれる。）のみを有効成分として含有する農薬を取り扱っています。(56)～(60)の問に答えなさい。

(56) この農薬の主な用途として、正しいものはどれか。

1 除草剤　　　　2 殺鼠剤　　　　3 殺虫剤　　　　4 植物成長調整剤

(58) N－メチル－1－ナフチルカルバメートの性状及び性質として、正しいものはどれか。

1 白色又は淡黄褐色の固体で、水に溶けにくい。
2 青色の液体で、水によく溶ける。
3 赤色の固体で、水によく溶ける。
4 赤褐色の液体で、水に溶けにくい。

(58)　N－メチル－1－ナフチルカルバメートの化学式として、正しいものはどれか。

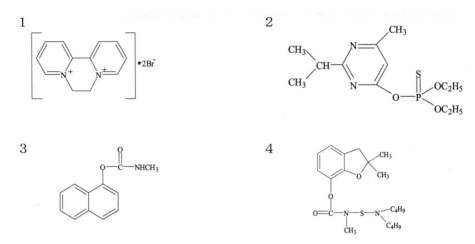

1

2

3

4

(59)　N－メチル－1－ナフチルカルバメートの廃棄方法として、最も適切なものはどれか。

1　セメントを用いて固化し、埋立処分する。
2　そのまま再利用するため蒸留する。
3　可燃性溶剤とともに焼却炉の火室へ噴霧し、焼却する。
4　水に懸濁し、希硫酸を加えて加熱分解した後、水酸化カルシウム、炭酸ナトリウム等の水溶液を加えて中和し、沈殿濾過して埋立処分する。

(60)　N－メチル－1－ナフチルカルバメートのみを含有する製剤の毒物及び劇物取締法上の規制区分について、正しいものはどれか。

1　毒物に指定されている。
2　毒物に指定されている。ただし、5％以下を含有するものは劇物に指定されている。
3　劇物に指定されている。
4　劇物に指定されている。ただし、5％以下を含有するものを除く。

（特定品目）

問10　４つの容器に A ～ D の物質が入っている。それぞれの物質は、一酸化鉛、塩化水素、四塩化炭素、蓚 酸（二水和物）のいずれかであり、それぞれの性状・性質及び廃棄方法の例は次の表のとおりである。(46)～(50)の問に答えなさい。

物質	性状・性質	廃 棄 方 法 の 例
A	無色の固体である。水に溶ける。	ナトリウム塩とした後、活性汚泥で処理する。
B	無色の刺激臭を有する気体である。水に溶ける。	徐々に石灰乳等の攪拌溶液に加え中和させた後、多量の水で希釈して処理する。
C	重い固体で黄色から赤色までの間の種々のものがある。水にほとんど溶けない。	セメントを用いて固化し、溶出試験を行い、溶出量が判定基準以下であることを確認して埋立処分する。
D	特有の臭気をもつ揮発性無色の液体である。水にほとんど溶けない。	過剰の可燃性溶剤又は重油等の燃料とともに、アフターバーナー及びスクラバーを備えた焼却炉の火室へ噴霧してできるだけ高温で焼却する。

(46)　A ～ D にあてはまる物質について、正しい組合せはどれか。

	A	B	C	D
1	一酸化鉛	四塩化炭素	蓚 酸（二水和物）	塩化水素
2	一酸化鉛	塩化水素	蓚 酸（二水和物）	四塩化炭素
3	蓚 酸（二水和物）	塩化水素	一酸化鉛	四塩化炭素
4	蓚 酸（二水和物）	四塩化炭素	一酸化鉛	塩化水素

(47)　物質 A に関する記述の正誤について、正しい組合せはどれか。

a　水溶液をアンモニア水で弱アルカリ性にして塩化カルシウムを加えると、白色の沈殿を生じる。

b　水溶液は過マンガン酸カリウムの溶液を退色する。

c　希硝酸に溶かすと、無色の液となり、これに硫化水素を通じると、黒色の沈殿を生じる。

	a	b	c
1	正	正	誤
2	誤	誤	正
3	誤	正	正
4	誤	正	誤

(48)　物質 B に関する記述として、正しいものはどれか。

1　湿った空気中で発煙する。

2　空気より軽い。

3　引火性がある。

4　１％以下を含有するものを除き、劇物に指定されている。

(49)　物質 C の化学式として、正しいものはどれか。

1　$(COOH)_2 \cdot 2H_2O$　　　　2　PbO_2　　　3　PbO　　　4　$HCHO$

(50)　物質Dに関する記述の正誤について、正しい組合せはどれか。

a　10％を含有する製剤は劇物に該当する。
b　アルコール性の水酸化カリウムと銅粉とともに煮沸すると、黄赤色の沈殿を生じる。
c　蒸気は空気より重く、低所に滞留するので、地下室など換気の悪い場所には保管しない。

	a	b	c
1	正	正	正
2	正	誤	正
3	誤	正	正
4	誤	誤	誤

問11　次は、水酸化カリウムに関する記述である。(51)～(55)の問に答えなさい。

(51)　次の記述の（①）～（③）にあてはまる字句として、正しい組合せはどれか。

> 水酸化カリウムは（　①　）の固体で、空気中に放置すると、（　②　）する。また、水酸化カリウム水溶液は、（　③　）にする。

	①	②	③
1	白色	昇華	青色リトマス紙を赤色
2	白色	潮解	赤色リトマス紙を青色
3	赤色	潮解	青色リトマス紙を赤色
4	白色	昇華	赤色リトマス紙を青色

(52)　水酸化カリウムに関する記述の正誤について、正しい組合せはどれか。

a　水酸化カリウムは2価の塩基である。
b　水、アルコールに発熱しながら溶ける。
c　二酸化炭素と水を強く吸収するから、密栓をして貯蔵する。

	a	b	c
1	正	誤	誤
2	誤	誤	正
3	誤	正	正
4	誤	正	誤

(53)　水酸化カリウムの人体に対する影響や応急措置の正誤について、正しい組合せはどれか。

a　眼に入った場合には、失明のおそれがある。
b　ミストを吸入すると、呼吸器官を侵す。
c　高濃度の水溶液は、皮膚に触れると、激しく侵す。

	a	b	c
1	正	正	正
2	正	誤	正
3	誤	正	正
4	誤	正	誤

(54)　次のa～dのうち、劇物に該当するものとして、正しいものはどれか。

a　水酸化カリウムを20％含有する製剤
b　水酸化カリウムを10％含有する製剤
c　水酸化カリウムを2％含有する製剤
d　水酸化カリウムを1％含有する製剤

　　1　aのみ　　2　a、bのみ　　3　a、b、cのみ　　4　a、b、c、dすべて

(54)　水酸化カリウムの廃棄方法として、最も適切なものはどれか。

　1　木粉（おが屑）等に吸収させて焼却炉で焼却する。
　2　徐々に石灰乳等の撹拌溶液に加えて中和させた後、多量の水で希釈して処理する。
　3　スクラバーを備えた焼却炉の火室へ噴霧し焼却する。
　4　水を加えて希薄な水溶液とし、酸で中和させた後、多量の水で希釈して処理する。

問 12　あなたの店舗ではクロロホルムを取り扱っています。次の（56）〜（60）の問に答えなさい。

（56）　「性状や規則区分について教えてください。」という質問を受けました。質問に対する回答の正誤について、正しい組合せはどれか。

a　無色で特異臭がある液体です。
b　水によく溶けます。
c　毒物に指定されています。

	a	b	c
1	正	正	誤
2	正	誤	誤
3	誤	正	正
4	正	誤	正

（57）　「人体に対する影響や応急措置について教えてください。」という質問を受けました。質問に対する回答の正誤について、正しい組合せはどれか。

a　吸入すると、強い麻酔作用があり、めまい、頭痛、吐き気を生じることがあります。
b　眼に入った場合は、直ちに多量の水で 15 分間以上洗い流してください。
c　皮膚に触れた場合、皮膚から吸収され、吸入した場合と同様の中毒症状を起こすことがあります。

	a	b	c
1	正	正	正
2	正	正	誤
3	正	誤	正
4	誤	正	正

（58）　「取扱い及び保管上の注意事項について教えてください。」という質問を受けました。質問に対する回答の正誤について、正しい組合せはどれか。

a　適切な保護具を着用し、屋外又は換気のよい場所でのみ使用してください。
b　熱源や着火源から離れた通風のよい乾燥した冷暗所に保管してください。
c　ガラスを激しく腐食するので、ガラス容器を避けて保管してください。

	a	b	c
1	正	正	誤
2	正	誤	誤
3	誤	正	正
4	誤	誤	正

（59）　「性質について教えてください。」という質問を受けました。質問に対する回答として、最も適切なものはどれか。
1　光、熱などに反応して、四弗化硅素を発生することがあります。
2　光、熱などに反応して、硫化水素を発生することがあります。
3　光、熱などに反応して、酸化窒素を発生することがあります。
4　光、熱などに反応して、ホスゲンを発生することがあります。

（60）　「廃棄方法について教えてください。」という質問を受けました。質問に対する回答として、最も適切なものはどれか。

1　ナトリウム塩とした後、活性汚泥で処理します。
2　多量の水に希釈して処理します。
3　過剰の可燃性溶剤又は重油等の燃料とともに、アフターバーナー及びスクラバーを備えた焼却炉の火室へ噴霧してできるだけ高温で焼却します。
4　水を加えて希薄な水溶液とし、希塩酸で中和させた後、多量の水で希釈して処理します。

解答・解説編
〔筆記〕

東京都
平成 27 年度実施

〔筆　記〕
（一般・農業用品目・特定品目共通）

問1　(1) 4　　(2) 2　　(3) 4　　(4) 2　　(5) 1
〔解説〕
　　(1)法第 1 条に示されている。　(2)法第 2 条第 2 項に示されている。　(3)法第 3 条第 2 項に示されている。　(4)、(5)は法第 3 条の 4 に示されている。

問2　(6) 2　　(7) 4　　(8) 3　　(9) 4　　(10) 3
〔解説〕
　　(6)この設問は毒物劇物取扱責任者のことで、正しいのは a と d である。a の薬剤師については法第 8 条第 1 項第一号のことで、販売品目の制限はない。設問のとおり。d は法第 7 条第 3 項のことで毒物劇物取扱責任者の氏名を変更したときは 30 日以内に届け出なければならない。設問のとおり。なお、b については法第 8 条第 2 項第一号により 18 歳未満の者は毒物劇物取扱責任者になることはできない。c については、毒物劇物製造業の毒物劇物取扱責任者なることはできるではなく、法第 4 条の 3 第 2 項の厚生労働省令で定める毒物若しくは劇物のみを取り扱う輸入業の営業所若しくは特定品目販売業の店舗においてのみである。
　　(7)この設問は c と d が正しい。c は法第 4 条第 1 項のこと。d は法第 4 条の 2 に示されている。なお、a の輸入業の登録は 6 年ごとに更新ではなく、5 年ごとに更新である。製造業も 5 年ごとである。b については法第 4 条第 3 項により店舗ごとに、その店舗の所在地の都道府県知事に申請書を出さなければならないである。
　　(8)は法第 3 条の 3 →施行令第 32 条の 2 に示されている。この設問では b のトルエンと d のメタノールを含有するシンナーが該当する。
　　(9)は法第 12 条における毒物又は劇物の表示のことで、正しいのは c と d である。c は法第 12 条第 2 項第三号→施行規則第 11 条の 5 に示されている。d は法第 12 条第 3 項に示されている。なお、a については黒地に白色ではなく、赤地に白色である。b は赤地に白色ではなく、白地に赤色である。a、b のいずれも法第 12 条第 1 項に示されている。
　　(10)は業務上取扱者の届出のことで法第 22 条→施行令第 41 条及び第 42 条に示されている。この設問では b、c が正しい。因みに a のしろありの防除を行う事業は法第 22 条第 1 項→施行令第 41 条第 1 項第四号→施行令第 42 条第 1 項第三号において砒素化合物たる毒物及びこれを含有製剤を使用する者である。d について法第 3 条の 2 第 3 項に規定されている特定毒物使用者で施行令第 28 条により、都道府県知事の指定された者である。

問3　(11) 3　　(12) 4　　(13) 3　　(14) 1　　(15) 4
〔解説〕
　　(11)この設問で正しいのは b のみである。b は法第 14 条第 2 項のこと。なお、a についていては、法第 15 条第 1 項第一号により 18 歳未満の者には交付してはならないで誤り。c は法第 14 条第 2 項→施行規則第 12 条の 2 の規定により押印した書面を要する。d は法第 14 条第 4 項に、販売又は授与の日から 5 年間保存しなければならないであるとある。よってこの設問は誤り。
　　(12)この設問は施行令別表第二に掲げられているアンモニアについて車両を使用して 1 回につき 5,000kg を運搬することについて、施行令第 40 条の 5 のことで正しいのは、d のみである。d は施行令第 40 条の 5 第 2 項第四号に示されている。なお、a は施行令第 40 条の 5 第 2 項第二号→施行規則第 13 条の 5 により、文字を白色として「劇」ではなく、文字を白色で「毒」である。b は施行令第 40 条の 5 第 2 項第一号→施行規則第 13 条の 4 第一号により、この設問にある 5 時間であるためとあるが 4 時間を超える場合は交替して運転する者を同乗させなければならない。c は施行令第 40 条の 5 第 2 項第三号で、法で定められた保護具を 2 人分以上備えなければならないである。
　　(13)この設問は法第 16 条の 2 の毒物又は劇物の事故の際の措置についてで正し

- 141 -

いのは、b である。設問のとおり。なお、a の設問では、劇物を紛失したが、少量であったので警察署に届け出なかったとあるが、量の多少にかかわらず警察署に届け出なければならない。c についても保健衛生上の危害を生ずることがなくても法第16条の2第2項において、直ちに警察署に届け出なければならない。よって誤り。

(14)この設問は施行規則第4条の4における製造所等の設備基準についてで、a、b、c は設問のとおり。なお、d の販売業の店舗においては、この設問にある粉じん、蒸気又は廃水の処理は製造所等の設備基準の規定で、販売業店舗には該当しない。

(15)この設問は毒物又は劇物を運搬を他に委託する場合のことで、施行令40条の6に示されている。正しいのは d のみである。d は施行令第40条の6第1項のこと。なお、a は施行令第40条の6第1項により、毒物又は劇物を車両を使用して、又は鉄道によって運搬する場合と規定されている。よってこの設問は誤り。b は施行令第40条の6第2項→施行規則13条の8のことで、この設問にあるような書面の交付に変えて、口頭でした通知は規定されていない。c について車両の運送距離については規定がないので、施行令第40条の6における荷送人の通知義務を要する。ただし、毒物又は劇物について数量については 1000kg 以下については荷送人の通知義務を要しない。このことは施行令第40条の6第1項ただし書規定→施行規則13条の7に示されている。

問4　(16) 1　　(17) 2　　(18) 2　　(19) 3　　(20) 4
〔解説〕
(16)a、b、d は設問のとおり。この設問は法第3条3項ただし書規定における設問のことで、a はAの毒物劇物輸入業者は自ら輸入した水酸化ナトリウムをBの毒物劇物製造業者に販売することができる。b はAの毒物劇物輸入業者は自ら輸入した水酸化ナトリウムをCの毒物劇物一般販売業者に販売することができる。このことについては法第3条3項ただし書規定で毒物劇物営業者間であるので購入することができる。d についてはCの毒物劇物一般販売業者は販売業の登録者とあるので、Dの毒物劇物業務上取扱者に販売することはできる。なお、c についてはBの毒物劇物製造業者は自ら製造した 48 ％水酸化ナトリウム水溶液をDの毒物劇物業務上取扱者に販売することはできない。この毒物劇物業務上取扱者は毒物劇物営業者ではないとあるので、法第3条3項ただし書規定に該当しない。
(17)この設問はAの毒物劇物輸入業者が登録の変更についてのことで、法第10条の届出に示されている。a の営業所の名称を変更したと c の貯蔵設備の重要な部分を変更したが該当する。なお、b の輸入先国を変更したについては届出を要しない。
(18)Bの毒物劇物製造業者が新たに 25 ％水酸化ナトリウム水溶液を製造するとあるので法第9条第1項の規定により、あらかじめ製造業又は輸入業にあっては、製造し、又は輸入しようとする毒物又は劇物の品目について、登録の変更を受けなければならないである。このことから正しいのは2である。
(19)はCの毒物劇物一般販売業者についての店舗の廃止と移転のことである。正しいのは b と d である。この設問は新たに登録申請をし、法第10条第1項第四号により 30 日以内に廃止届を提出しなければならない。
(20)Dの毒物劇物業務上取扱者における毒物及び劇物の取扱い、廃棄、表示についてのことで正しいのは b、c である。b は法第12条第3項のこと。c は法第11条第1項のこと。なお、a については飲食物容器として通常使用される物とあるが、法第11条第4項→施行規則第11条の4において飲食物容器の使用禁止が規定されている。d についてはDの毒物劇物業務上取扱者は法第22条第5項における業務上非届出者であるので、この設問にあるような届け出を要しない。

問5　(21) 1　　(22) 4　　(23) 1　　(24) 4　　(25) 3
〔解説〕
(21)　水酸化カリウム(KOH)、アンモニア(NH_3)は1価の塩基である。
(22)　0.01mol/L のNaOH水の pOH を求める。$[OH^-] = 1.0 \times 10^{-2}$ より-log $[OH] = 2$、pH＋pOH＝14 より、pH＝14－2＝12.
(23)　フェノールフタレインは酸性側で無色、アルカリ性側で赤色を呈する。メチルオレンジは酸性で赤色、アルカリ性側で黄色。ブロモチモールブルーは酸性側で黄色、アルカリ性側で青色。リトマスは酸性で赤色、アルカリ性側青色である。
(24)　酸の陽イオン(H^+)と塩基の陰イオン(OH)から生成する物質は水(H_2O)である。中和反応において中和点が pH7 とは限らない。pH が4から2に変

化したときの水素イオン濃度は 100 倍になる。
- (25)　10 倍希釈した食酢 10.0mL を中和するのに必要な 0.100mol/L の NaOH 水が 7.50mL であるのだから、この 10 倍希釈した食酢中の酢酸のモル濃度 M は M × 10 ＝ 0.100 × 7.50、M ＝ 0.075mol/L、よって希釈前の食酢の濃度は 0.75mol/L である。酢酸(CH₃COOH)の分子量は 60 であるからこの食酢 1 L に含まれる。酢酸の重さは 0.75 × 60 ＝ 45g

問 6　(26) 1　　(27) 2　　(28) 3　　(29) 1　　(30)　1
〔解説〕
- (26)　①＋ 1/2 ②＋③により、S ＋ 3/2O₂ ＋ H₂O → H₂SO₄　よって 1 mol の硫黄から 1 mol の硫酸が生成する。
硫黄 3.2 k g (3200g)の物質量は 3200/32 ＝ 100mol。よって生じる硫酸も 100mol である。
- (27)　50/(200 ＋ 50) × 100 ＝ 20 ％
- (28)　気体の状態方程式 PV ＝ nRT より、8.2 × V ＝ n × 0.082 ×(273 ＋ 127)、n/V ＝ 0.25。また、この気体の密度は 8.0g/L ということから、V を 1 L と仮定し、かつ n ＝ w/M(w は質量、M　は分子量)とすると、w(g/L)/M ＝ 0.25 となる。よって 8.0/M ＝ 0.25、M ＝ 32
- (29)　中和熱とは水が 1　mol 生成するときの熱量である。したがって、この反応では塩酸が過剰に入っており、より少ない水酸化ナトリウム水溶液分のモル数しか反応しないため、生成する水の量は 0.2mol(発生する熱量も 0.2mol 分)となる。よって 56.6 × 0.2 ＝ 11.3kJ
- (30)　酸化数が減少する変化を還元という。したがって、マンガンの酸化数が減少していることから過マンガン酸カリウムは酸化剤、過酸化水素は還元剤として働いたということになる。

問 7　(31) 3　　(32) 4　　(33) 2　　(34) 4　　(35) 3
〔解説〕
- (31)　水素を除いた 1 族の元素のことをアルカリ金属という。
- (32)　I₂、H₂ は単結合(I － I、H － H)、N₂ は三重結合(N ≡ N)で結ばれている。
- (33)　原子は原子核と電子から成り、原子核は正電荷を帯びた陽子と、電荷を持たない中性子から成る。陽子の数と電子の数は等しく、この数を原子番号という。
- (34)　2 はアルデヒド基、3 はヒドロキシ基(水酸基)、4 はスルホ基
- (35)　銅イオンは過剰のアンモニアと錯イオンを形成しテトラアンミン銅(Ⅱ)、イオン［Cu(NH₃)₄］²⁺の深青色を呈する。一方鉛イオンはクロム酸塩と反応し黄色のクロム酸鉛 PbCrO₄ を形成する。

(一般・特定品目共通)
問 8　(36) 1　　(37) 3　　(38) 1　　(39) 4　　(40) 2
〔解説〕
- (36)　2 はアセトアルデヒド、3 はメタノール、4 はクロロホルム
- (37)　a 誤　b 正　c 正　ホルムアルデヒドにはガラスの腐食性はない。
- (38)　無色透明で刺激臭のある液体である。
- (39)　空気中の酸素で一部酸化され、ギ酸を生じる。
- (40)　ホルムアルデヒドは還元性のある液体なので酸化して多量の水で希釈したのちに廃棄する。

(一般)
問 9　(41) 1　　(42) 3　　(43) 3　　(44) 1　　(45) 4
〔解説〕
- (41)　a 正　b 正　c 正　臭素は赤褐色、刺激臭のある重い液体で人体に対して腐食性をもつ。
- (42)　a 誤　b 正　c 正　ピクリン酸は淡黄色の結晶で、衝撃により爆発する。また鉄、鉛、銅などの金属容器中には保存してはならない。
- (43)　a 誤　b 正　c 正　黄燐は白色又は淡黄色のろう状固体で空気中で自然発火する。したがって、水中に保存する。水にほとんど溶けず、クロロホルム、ベンゼン、二硫化炭素に溶けやすい。
- (44)　a 正　b 正　c 誤　発煙硫酸は空気に触れると発煙し、水に触れると濃硫酸と同じく発熱する。可燃物や有機物と接触すると発火の恐れがある。
- (45)　a 誤　b 誤　c 正　黄色〜赤色の粉末。水に溶けにくく別名をリサージあ

るいは密陀僧ともいう。

問10　(46) 1　　(47) 2　　(48) 4　　(49) 1　　(50) 3
〔解説〕
　(46)　酢酸エチル CH₃COOCH₂CH₃ は芳香を有する無色の液体で主に溶剤として用いられる。
　(47)　塩化亜鉛は潮解性のある白色固体で、劇物に指定されている。
　(48)　アセトニトリル CH₃CN は無色で特異臭のある液体で、水に可溶な溶剤である。
　(49)　シアン化ナトリウム NaCN は水に溶けやすい白色の固体で酸と反応し有毒なシアン化水素 HCN を発生する。
　(50)　エピクロルヒドリンはクロロホルム様の臭気を発する可燃性液体で、その蒸気は空気よりも重い。

（農業用品目）
問8 (36) 2　　(37) 1　　(38) 3　　(39) 2　　(40) 1
〔解説〕
　(36)　ジメトエートは白色の固体である。
　(37)　ジメチル-(N-メチルカルバミル)-ジチオホスフェイトの名称から、メチル基が2つ付いた(ジメチル)リン酸エステル(ホスフェイト)で元素記号のN にメチル基(N-メチル)が付いたカルバミル(CON)の構造であり、更に硫黄原子:S が2つ(ジチオ)あるもの。2はクロルピクリン(土壌燻蒸剤)、3は N=メチルカルバミン酸-2-(1-メチルプロピル)フェニル(カルバミン酸系殺虫剤)、4はジエチル-S-(エチルチオエチル)-ジチオホスフェイト(ジスルホトン、エチルチオメトン)(殺虫剤)。
　(38)　ジメトエートに除外濃度はない。
　(39)　分子中にリン:P を含んでいるので有機リン系である。
　(40)　ジメトエートは殺虫剤(稲のニカメイチュウ、ツマグロヨコバイ等)として用いられる。
問9 (41) 3　　(42) 3　　(43) 4　　(44) 2　　(45) 4
〔解説〕
　(41)　5-ジメチルアミノ-1,2,3-トリチアンシュウ酸塩は別名をチオシクラムと言い、ネライストキシン系の殺虫剤である。チオシクラムは硫黄原子:S が3つ並んだ6員環構造であるが、ネライストキシンは S が2つ並んだ5員環構造である。
　(42)　クロルピクリンは土壌燻蒸剤などに用いられる無色刺激臭を有する液体で劇物に分類される。廃棄法としては亜硫酸ナトリウムと炭酸ナトリウムの混合溶液中で分解し希釈後に廃棄する。
　(43)　メトミルはその名称からも推察できるが、カルバメート系殺虫剤で、白色粉末の劇物である。
　(44)　2-クロルエチルトリメチルアンモニウムクロリドは、別名をクロルメコートと言い、劇物に指定されている。主な用途は植物の成長調整剤である。
　(45)　フェンチオンは有機リン系の殺虫剤として用いられ劇物に指定されるが、2％以下は除外される。有機リン系農薬は、一般的に燃焼法(アフターバーナー及びスクラバー等を具備した焼却炉で燃焼する。)によって廃棄される。

（特定品目）
問9 (41) 2　　(42) 1　　(43) 4　　(44) 4　　(45) 1
〔解説〕
　(41)　KOH は苛性カリとも呼ばれ、その水溶液は強いアルカリ性を示す。NaOHのことを別名苛性ソーダという。どちらも潮解性を示す白色固体である。
　(42)　酢酸エチル(CH₃COOC₂H₅)は酢酸(CH₃COOH)とエタノール(C₂H₅OH)から脱水縮合により得られる芳香性のある無色の液体で、主に溶剤として用いられる。
　(43)　一酸化鉛(PbO)は水に溶けにくい黄色〜赤色の固体で別名をリサージともいう。劇物。
　(44)　塩化水素(HCl)は無色の気体で刺激臭がある。塩化水素を水に溶解させたものを塩酸と言い、中和法によって廃棄する。
　(45)　四塩化炭素(CCl₄)は無色の比重が大きい揮発性の液体で特有の臭いがある。加熱により分解し有毒なホスゲン(COCl₂)を発生する場合がある。ホスフィンは PH₃。

東京都
平成 28 年度実施

〔筆　記〕
（一般・農業用品目・特定品目共通）

問1　(1) 2　　　(2) 3　　　(3) 1　　　(4) 3　　　(5) 4

〔解説〕

(1)法第1条に示されている。　(2)法第2条第1項に示されている。　(3)法第3条第3項に示されている。　(4)、(5)は法第4条第4項の登録の更新のこと。

問2　(6) 1　　　(7) 4　　　(8) 4　　　(9) 2　　　(10) 1

〔解説〕

(6)この設問は施行規則第4条の4における設備等の基準のことで、正しいのはa、b、dである。aは、施行規則第4条の4第1項第二号ロに示されている。bは、施行規則第4条の4第1項第一号イに示されている。dは施行規則第4条の4第1項第二号ホに示されている。なお、cについては施行規則第4条の4第2項により、毒物劇物輸入業者は、毒物又は劇物の輸入業の営業所については該当しない。

(7)この設問はcとdが正しい。cは設問のとおり。特定毒物を輸入することができるのは、毒物又は劇物輸入業者と特定毒物研究者のみである。dは設問のとおり。法第21条第1項に示されている。なお、aについては、法第3条の2第4項により、学術用途以外に供してはならないとあるので、この設問は誤り。bについては、法第10条第2項第二号→施行規則第10条の3により、30日以内に都道府県へその旨を届出なければならないである。

(8)は法第3条の4→施行令第32条の3により、①亜塩素酸ナトリウムを含有する製剤30％以上、②塩素酸塩類を含有する製剤35％以上、③ナトリウム、④ピクリン酸の品目のことで、この設問ではcとdである。

(9)ではaとdが正しい。aは法第12条第2項第四号→施行規則第11条の6第二号イに示されている。cは法第12条第2項第四号→施行規則第11条の6第四号に示されている。なお、bは、赤地に白色ではなく、白地に赤色である。法第12条第1項に示されている。dについては、盗難防止の観点からとあるが、法第12条第3項により、「医薬用外」の文字及び毒物については「毒物」、劇物については「劇物」の文字を表示しなければならない。

(10)は業務上取扱者の届出のことで法第22条→施行令第41条及び第42条に示されている。この設問では、a、bが正しい。因みに、cについては法第3条の2第3項及び第5項に規定されている特定毒物使用者で施行令第11条により、都道府県知事の指定された者である。dについては、ただ単にトルエンを使用して、シンナーを製造しているで届出を要しない。

問3　(11) 3　　　(12) 3　　　(13) 2　　　(14) 2　　　(15) 1

〔解説〕

(11)この設問で正しいのはbとdである。bは法第8条第4項のこと。dは、第7条第2項の同一店舗二業種のこと。なお、aについていては、農業用品目のみを取り扱う毒物劇物製造業の製造所においてではなく、農業用品目のみを取り扱う輸入業の営業所又は農業用品目のみを取り扱う販売業の店舗においてのみである。法第8条第4項のこと。cについては法第8条第2項第一号により、18歳未満の者は毒物劇物取扱責任者になることはできない。なお、この設問にあるような業務経験についてはそのような規定がない。

(12)この設問は法第10条の届出のことで、bとcが正しい。なお、aの販売品目の変更、dの役員の変更については、届出を要しない。

(13)この設問は法第11条及び法第16条の2の毒物又は劇物の事故の際の措置についてで正しいのは、a、c、dである。aは法第16条の2第2項の盗難紛失の措置のこと。cは法第11条第3項の施設外における防止のこと。d法第11条第2項及び法第16条の2第1項。なお、bについては、例え劇物が少量であっても法第16条の2第2項により直ちに警察署に届出なければなら

ない。

(14) この設問は法第14条及び法第15条のことで、正しいのは、a、cである。aは法第14条第2項のこと。cは法第15条第1項第三項に示されている。なお、bは、3年間保存したではなく、5年間保存しなければならないである。このことは法第14条第4項に示されている。dについては、17歳であったので、劇物を交付したではなく、法第15条第1項第一号に18歳未満の者には交付してはならないとあるので、誤り。

(15) この設問は、施行令第40条の5における運搬方法で、塩化水素20％を含有する製剤については、施行令別表第二に掲げられている。このことから正しいのは、a、b、cである。aは施行令第40条の5第2項第一号→施行規則第13条の4第二号に示されている。bは毒物又は劇物を運搬する車両に掲げる標識のことで、施行令第40条の5第2項第二号→施行規則第13条の5に示されている。cは施行令第40条の5第2項第四号に示されている。なお、dについては、保護具を1人分備えたではなく、2人分以上備えることである。施行令第40条の5第2項第三号に示されている。

問4　(16) 2　　(17) 1　　(18) 4　　(19) 3　　(20) 3
〔解説〕

(16) a、b、dは設問のとおり。この設問は法第3条3項ただし書規定における設問のことで、aはAの毒物劇物輸入業者は自ら輸入したシアン化カリウムをBの毒物劇物製造業者に販売することができる。bはBの毒物劇物製造業者は自ら製造したシアン化カリウムをCの毒物劇物一般販売業者に販売することができる。このことについては法第3条3項ただし書規定で毒物劇物営業者間であるので購入することができる。dについては、Cの毒物劇物一般販売業者は販売業の登録者なのでDの毒物劇物業務上取扱者に販売することはできる。なお、cについてはBの毒物劇物製造業者は自ら製造したシアン化カリウムをDの毒物劇物業務上取扱者に販売することはできない。この毒物劇物業務上取扱者は毒物劇物営業者ではないとあるので、法第3条3項ただし書規定に該当しない。

(17) この設問は、Aの毒物劇物輸入業者が新たに塩酸(塩化水素37％を含む水溶液)を輸入することになった場合、法第9条第1項→法第6条第二号により、あらかじめ登録の変更を受けなければならない。このことから1が正しい。

(18) この設問では、Bの毒物劇物製造業者について、個人でシアン化カリウムの製造を行っているが、今回「株式会社X」という法人を設立して、シアン化カリウムと劇物たる炭酸バリウムを製造とある。その際の手続きについては、個人から法人と業態が変わるので、新たに毒物劇物製造業としての登録申請をして、Bの毒物劇物製造業者については、法第10条における廃止届を提出しなければならない。このことから4が正しい。

(19) はCの毒物劇物一般販売業者についての店舗の廃止と移転のことである。正しいのはbとcである。この設問は新たに登録申請をし、法第10条第1項第四号により30日以内に廃止届を提出しなければならない。

(20) Dの毒物劇物業務上取扱者における毒物及び劇物の業務上取扱者の届出、盗難予防の措置、表示についてのことで正しいのは、b、c、dである。bは法第22条第3項のこと。cは法第11条第1項のこと。dは法第12条第3項のこと。なお、aについては取扱品目の変更届を要しない。

問5　(21) 3　　(22) 2　　(23) 4　　(24) 1　　(25) 2
〔解説〕

(21) a, 強酸や弱酸を決定する因子は電離度であり、価数ではない。b, アレニウスの定義では水に溶けて水素イオンを出すものを酸、水酸化物イオンを出すものを塩基としている。c, 中性の水溶液でも水はわずかに電離している。

(22) 0.00050 mol/L の硫酸の水素イオン濃度 $[H^+]$ は硫酸の価数が2であるため、$[H+] = 0.00050 \times 2$,　$[H^+] = 0.0010$ mol/L となる。従って $pH = -\log[H^+]$ より、　$pH = -\log[10^{-3}]$,　$pH = 3$

(23) 体積を正確に測り取る器具はホールピペットまたはメスピペットである。これをコニカルビーカーに移し入れ、中和指示薬を加える。それに対して、濃度が既知の試薬をビュレットを用いて滴下し、その体積を測り、濃度不明の溶液のモル濃度を決定する。

(24) 塩基性のアンモニア水溶液に指示薬を加えるとフェノールフタレインなら

- 146 -

赤色に呈色してしまう。一方メチルオレンジはアルカリ性側で黄色、酸性側で赤色を呈するのでこれを選択する。一般的に弱塩基強酸時の中和滴定にはメチルオレンジ、あるいはメチルレッドを用い、それ以外の中和滴定にはフェノールフタレインを用いることが多い。

(25)水酸化ナトリウム(式量 40) 0.80 g のモル数は 0.02 mol。よって 0.02 mol の塩化水素があれば過不足なく中和できる。従って計算式は 0.02 = 0.50 × x/1000, x = 40 mL

問6 (26) 3　　(27) 4　　(28) 1　　(29) 4　　(30) 3

〔解説〕

(26)44.8 L のプロパン(分子量 44)のモル数は 44.8 ÷ 22.4 = 2 mol。従ってコのプロパンの重さは 44 × 2 = 88 g

(27)PV = nRT より、P × 8.3 = 0.50 × 8.3 × 10^3 × (273+27)、　P = 1.5 × 10^5 Pa

(28)①×2+②-③より、2C + 2H_2 = C_2H_4 - 51 kJ

(29)グルコース(分子量 M 180) 36.0 g (w)を水 500 mL (V)に溶解させたときのモル濃度は、モル濃度 =　w/M　× 1000/V より、36.0/180 × 1000/500, モル濃度 = 0.4 mol/L

(30)ファラデーの法則より、1F = 96500C であり、かつ C = A × s であることから 10.0A の電流を 16 分 5 秒流した時の C は、　C = 10.0 × 965 = 9650 となる。よって流れた F は　0.1F である。また、銅イオンが電子 2 個受け取って銅が析出するときの半反応式は Cu^{2+} + 2e⁻→Cu であるから、2F の電子があれば1モルの銅が析出することになる。従って析出した銅の重さを x g とすると、　63.5 : 2 = x : 0.1 , x = 3.175 g

問7 (31) 2　　(32) 1　　(33) 1　　(34) 2　　(35) 4

〔解説〕

(31)水素を除いた 1 族元素をアルカリ金属、ベリリウム・マグネシウムを除いた 2 族元素をアルカリ土類金属という。18 族元素はほかの原子と分子を作らず安定であり、希ガスと呼ばれている。また 3 〜 11 族の元素を遷移金属元素と呼ぶ。

(32)リチウム：赤、カリウム：紫、バリウム：緑、カルシウム：橙

(33)二酸化炭素(CO_2 : 44) 35.2 mg 中の炭素の占める重さは 35.2 × 12/44 = 9.6 mg。水(H_2O : 18) 14.4 mg 中の水素の占める重さは 14.4 × 2/18 = 1.6 mg。よって化合物 24.0 mg 中に占める酸素の重さは 24.0 -(9.6 + 1.6) = 12.8 mg。従ってこの化合物の組成 C：H：O は C：H：O = 9.6/12 : 1.6/1 : 12.8/16 = 1 : 2 :1

(34)アニリンは塩基性物質、安息香酸は酸性物質、トルエンは中性物質である。この混合溶液を塩酸で分液操作を行うとアニリンと塩酸が反応してアニリン塩酸塩となり水層に移動する。この水層に水酸化ナトリウムを加えることで、アニリン塩酸塩はアニリンに戻り、①層にくる。一方残ったエーテル層には安息香酸とトルエンが含まれており、これを炭酸水素ナトリウム水溶液で分液することで安息香酸が反応して安息香酸ナトリウムとなり水層に溶解する。エーテル層にはトルエンが残り、エーテルを蒸発させることでトルエンが③として回収される。

(35)塩化物イオンと反応して沈殿する金属イオンは Ag^+または Pb^{2+}である。鉄(Ⅲ)イオンは硫化水素と反応しないので FeS を生成しない。また酸性で硫化物を作るイオンは限られており、Cd^{2+}, Sn^{2+}, Pb^{2+}があげられる。FeS が生成するためには① Fe^{3+}でなく Fe^{2+}であること。②液性が中性または塩基性であることが条件である。

(一般・特定品目共通)

問8 (36) 2　　(37) 1　　(38) 3　　(39) 3　　(40) 2

〔解説〕

(36)1：メチルエチルケトン(2-ブタノン)、2：トルエン、3：フェノール、4：メタノール

(37)トルエンは酸化剤から離して保管する。

(38)トルエンは無色の液体で、水に殆ど溶けないが、アルコール, エーテル, ベンゼンなどには混和する。

(39)加熱分解により、一酸化炭素や二酸化炭素を生じる。

(40)トルエンは珪藻土等に吸着させて開放型の焼却炉で少量ずつ焼却する。

(一般)

問9 (41) 3　　(42) 1　　(43) 3　　(44) 1　　(45) 2

〔解説〕

(41)燐化亜鉛：Zn_3P_2 は、暗灰色の粉末で酸と反応してホスフィン(燐化水素)：PH_3 を発生する。殺鼠剤として用いられる。

(42)クロルスルホン酸：HSO_3Cl は、無色～淡黄色の発煙性刺激臭を有する液体で劇物である。

(43)ベンゾニトリル：C_6H_5CN は、甘いアーモンド臭をもつ無色の液体で、劇物である。

(44)硫酸：H_2SO_4 は、無色透明の油状液体で、水和熱が大きく水で希釈すると発熱する。10 ％以下は劇物除外である。

(45)塩素：Cl_2 は、特有の刺激臭を有する黄緑色の気体で、サラシ粉の原料になる。

問10　(46) 2　　(47) 3　　(48) 1　　(49) 1　　(50) 4

〔解説〕

(46)ヒドロキシルアミン：NH_2OH は、不安定な結晶性の固体で還元剤として用いられる劇物である。

(47)トリフルオロメタンスルホン酸：CF_3SO_3H は、強い刺激臭を有する無色の液体で、水，アルコールなどに発熱して溶解する。

(48)トルイジン：$CH_3C_6H_4NH_2$ には、オルト、メタ、パラの3種類の異性体が存在する。染料の製造原料や有機合成原料などとして用いられる。

o-toluidine　　m-toluidine　　p-toluidine

(49)二硫化炭素：CS_2 は、純度が高いものはエーテル様の芳香を有する無色の液体であるが、市販品は不快な臭気をもつ。引火性が強く、水に溶け難くいが、アルコールやエーテルに可溶である。比重は水よりも大きい(比重 1.26，密度 1.261 g/cm^3)。

(50)ベタナフトール(2-ナフトール，β-ナフトール)：$C_{10}H_7OH$ は、特異臭(フェノール臭)を有する無色～白色の結晶性固体で、水には極めて溶け難いが、アルコール，エーテルなどに可溶である。

(農業用品目)

問8 (36) 2　　(37) 3　　(38) 3　　(39) 4　　(40) 4

〔解説〕

(36)2,2’-ジピリジリウム-1,1’-エチレンジブロミドの名前からピリジン環(ベンゼン環の炭素原子一つが窒素原子に置き換わったもの)を 2 つもち、臭化物イオン(Br^-)を 2 つ持つことが推測される。

(37)ジクワットは劇物であり、類似のパラコートは毒物である。

(38)ジクワットは除草剤として用いられる。ジクワット同様にピリジン環を 2 つもつパラコートも除草剤として用いられており、ジクワットとパラコートの合剤として販売されることもある[(40)の解答]。

(39)有機化合物の多くは可燃性物質であるので、基本的に有機化合物で構成される毒劇物は燃焼法により廃棄する。

(40)農業用品目問8(38)参照

問9 (41) 3　　(42) 4　　(43) 2　　(44) 2　　(45) 1

〔解説〕

(41)1-(6-クロロ-3-ピリジルメチル)-N-ニトロイミダゾリジン-2-イリデンアミンの名前からリンは含有されておらず(リンが入るとホスホ、あるいはホスフェートなどの言葉が入る)、イミダゾール環を含んでいることからイミダクロプリドという別名がある。

インダクロプリド

(42)トルフェンピラミドは劇物に指定されている殺虫剤である。

トルフェンピラド

(43) 2, 3-ジヒドロ-2, 2-ジメチル-7-ベンゾ [b] フラニル-N-ジブチルアミノチオ-N-メチルカルバマート (別名カルボスルファン) はその名前の通り、カーバメート系に分類される劇物である。

カルボスルファン

(44) PAP またはフェントエートは有機リン系の殺虫剤であり、通常有機化合物の毒劇物は可燃性であるため燃焼法により除却する。

フェントエート

(45) N-メチル-1-ナフチルカルバメートはその名のとおりカーバメート系の殺虫剤であり、非可逆的にコリンエステラーゼを阻害する。カルバリル、または NAC と呼ばれ、有機リン系とカーバメート系はどちらもコリンエステラーゼを阻害するので、硫酸アトロピンを解毒に用いる。

カルバリル

(特定品目)

問9　(41) 2　　　(42) 4　　　(43) 4　　　(44) 1　　　(45) 4
　〔解説〕
　　(41) 塩素：Cl_2 は、刺激臭を有する窒息性の空気より重い黄緑色気体で、強い酸化作用がある。
　　(42) 重クロム酸カリウム：$K_2Cr_2O_7$ は、橙赤色の結晶で強力な酸化剤である為、硫酸第一鉄などで還元した後、処理する (還元沈殿法)。K_2CrO_4 は、クロム酸カリウム (橙黄色結晶)
　　(43) キシレン：$C_6H_4(CH_3)_2$ には、オルト、メタ、パラの3種類の異性体が存在する。可燃性を有する無色の液体で、水にはほとんど溶けないが、アルコールやエーテルに可溶、別名はキシロール, ジメチルベンゼン。
　　(44) 過酸化水素：H_2O_2 は、酸化・還元両作用を有する無色油状の液体で、分解して酸素と水を生成する ($2H_2O_2 \rightarrow 2H_2O + O_2$)。6%以下は劇物除外である。
　　(45) 硝酸：HNO_3 は、特有な臭気を有する無色の液体で、強い腐食性がある。10%以下は劇物除外である。

東京都
平成 29 年度実施

〔筆　記〕

（一般・農業用品目・特定品目共通）

問1　(1) 2　　(2) 3　　(3) 1　　(4) 2　　(5) 4

〔解説〕

(1)法第1条に示されている。　(2)法第2条第2項に示されている。　(3)法第3条第1項に示されている。　(4)、(5)は法第3条第4項に示されている。

問2　(6) 1　　(7) 3　　(8) 1　　(9) 4　　(10) 1

〔解説〕

(6)この設問は全て正しい。a は、法第7条第3項に示されている。b は、法第8条第2項第一号に示されている。c については一般毒物劇物取扱者試験に合格した者は全ての製造所、営業所、店舗の毒物劇物取扱責任者になることができる。設問のとおり。

(7)この設問は b と d が正しい。b は法第4条第4項の登録の更新のこと。d は法第4条第1項及び第2項に示されている。なお、a については法第4条第1項において、製造業、輸入業は厚生労働大臣で、販売業は、その店舗の所在地の都道府県知事である。c の毒物劇物一般販売業については、販売品目の制限がない。全ての毒物又は劇物を取り扱うことがてできる。このことからこの設問にある特定毒物も販売することはできる。

(8)は法第3条の3→施行令第32条の2に示されている。

(9)は法第16条の2の事故の際の措置についてのことで b と c が正しい。なお、a については法第16条の2第2項のことで、例え少量であってもその旨を警察署に届け出なければならない。b も a と同様、法第16条の2第2項のこと。設問のとおり。c 法第16条の2第1項で法第11条第2項→施行令第38条に示されている。

(10)は業務上取扱者の届出のことで法第22条→施行令第41条及び第42条に示されている。この設問では a、b が正しい。因みに、c については法第3条の2第3項及び第5項に規定されている特定毒物使用者で施行令第1条により、都道府県知事の指定された者である。d は法第3条の2第3項及び第5項に規定されている特定毒物使用者で施行令第28条により、都道府県知事の指定された者である。このことからこの設問にある法第22条に基づく業務上取扱者には該当しない。

問3　(11) 4　　(12) 3　　(13) 4　　(14) 2　　(15) 4

〔解説〕

(11)この設問で正しいのは d のみである。d は法第15条第1項第三号に示されている。なお、a の設問によると、毒物劇物営業者以外の個人に販売する際とあるので、法第14条第2項→施行規則第12条の2において、譲受人が押印した書面とするとあるので、この設問にある署名だけではなく押印された書面となる。b は法第14条第4項で販売又は授与の日から5年間書面保存しなければならない。よって、この設問にある3年間経過した後廃棄は誤り。c は法第15条第1項第一号において、18歳未満の者には、毒物又は劇物交付してはならないと規定されているので、この設問にある16歳の者には毒物を交付してはならない。

(12)この設問は施行規則第4条の4における設備等の基準のことで、正しいのは a、c、d である。a は、施行規則第4条の4第1項第二号ニに示されている。c は、施行規則第4条の4第1項第四号に示されている。d は施行規則第4条の4第1項第一号イに示されている。なお、b については施行規則第4条の4第1項第三号で、かぎをかける設備があることとあるので、この設問にあるような常時毒物劇物取扱責任者が直接監視することが可能であっても、かぎをかける設備を設けること。

(13)この設問は法第12条の表示についてで、正しいのは、c と d である。c は法第12条第2項第三号→施行規則第11条の5のことで、その解毒剤は、①

二－ピリジルアルドキシムメチオダイド(別名 PAM)の製剤、②硫酸アトロピンの製剤である。d は法第 12 条第 2 項第四号→施行規則第 11 条の 6 第三号号のこと。なお、a については法第 12 条第 2 項第一号のことで、容器及び被包に毒物の名称を掲げなければならない。b は法第 12 条第 1 項のことで、例えこの設問にあるような犯罪目的の使用を防止するためであっても、「医薬用外」の文字及び毒物については赤地に白色をもって「毒物」、劇物について白地に赤色をもって「劇物」の文字を表示しなければならないと規定されている。

(14)この設問は施行令第 40 条の 5 における運搬方法についてで、正しいのは a と d が正しい。a は施行令第 40 条の 5 第 2 項第三号→施行規則第 13 条の 5 のことで車両に掲げる標識のこと。d は施行令第 40 条の 5 第 2 項第四号に示されている。なお、b については、保護具を 1 人分備えたではなく、施行令第 40 条の 5 第 2 項第三号において、2 人分以上備えなければならない。c の設問では、1 回が連続 10 分以上で、かつ、合計が 30 分以上の運転の中断をすることなく連続して運転する時間が 5 時間とあるので施行規則第 11 条の 4 に該当、このことから施行令 40 条の 5 第 2 項第一号において交替して運転する者を同乗しなければならないと規定されている。

(15)この設問は、施行令第 40 条の 6 における運搬を他に委託する場合についてで、4 が正しい。4 は施行令第 40 条の 6 第 2 項に示されている。なお、1 については、当該劇物の名称、成分及びその含量並びに事項の際に講じなければならないのを口頭で伝えたとあるが、記載した書面を交付しなければならないである。施行令第 40 条の 6 第 1 項のこと。2 については運搬距離とあるが、距離にかかわらず通知しなければならない。3 は車両ではなく鉄道による運搬であったためとあるが施行令第 40 条の 6 第 1 項で、車両又は鉄道によって運搬する場合と規定されている。よって誤り。

問 4　(16) 4　　(17) 3　　(18) 2　　(19) 3　　(20) 3
〔解説〕

(16)この設問では、b と d が正しい。この設問は、法第 3 条 3 項ただし書規定における毒物劇物営業者における設問のことで、b は A の毒物劇物輸入業者〔酢酸エチル及び原体である硝酸のみの輸入〕については自ら輸入した原体である硝酸を B の毒物劇物一般販売業者に販売することができる。d は B の毒物劇物一般販売業者とあるので全ての毒物劇物を販売又は授与することがてできるのでこの設問にある特定毒物であるモノフルオール酢酸ナトリウムについても C の特定毒物研究者に販売することができる。なお、a についてはA の毒物劇物輸入業者〔酢酸エチル及び原体である硝酸のみの輸入〕と設定〔法第 6 条第二号〕により登録以外の毒物又は劇物を販売することは出来ない。この設問においては法第 3 条第 3 項ただし書規定で毒物劇物営業者間、いわゆる①毒物又は製造業者、②輸入業者、③販売業者の間のみ販売できる。以上のことからこの設問については販売できない。c についても a と同様に販売できない。

(17)この設問は、A の毒物劇物輸入業者が新たに硝酸 30 ％を含有する製剤を輸入し、B の毒物劇物一般販売業者に販売する際の手続きについてで、法第 6 条第二号における登録事項の変更を行わなければならない。その登録事項の変更については法第 9 条第 1 項により、毒物又は劇物以外の毒劇物の輸入品目について品目ごとにあらかじめ登録の変更を受けなければならないである。このことから正しいのは 3 が該当する。

(18)この設問では、B の毒物劇物一般販売業者が東京都中央区内を廃止して、新たに東京都港区内に店舗を設けるとあるので、a、d が正しい。a については法第 4 条の営業の登録を受けなければない。d については法第 10 条第 1 項第四号における廃止届を提出しなければならない。なお、bc については、法第 4 条で店舗ごとに登録申請をしなければならないとあるので、交付申請あるいは変更届ではなく、新たに登録申請をして 30 日以内に廃止届を提出しなければならない。

(19)は C の特定毒物研究者についてで、正しいのは b、c である。b は法第 10 条第 2 項第二号→施行規則第 10 条の 3 第三号に示されている。c は法第 10 条第 2 項第三号に示されている。なお、a の特定毒物研究者の許可については登録の更新ではなく、法第 6 条の 2 において、その研究所の所在地の都道府県知事に申請書をださなければならないとあるので、いわゆる許可制であ

- 151 -

る。

(20) Dの毒物劇物業務上取扱者〔研究所において、酢酸エチルのみを使用する事業者〕とあるので業務上取扱者非届出者になる。このことから法第 22 条第 5 項の規定が適用される。このことから a と c が正しい。a と c のいずれも法第 12 条第 1 項に示されている。なお、b の変更届、d の廃止届についてのいずれも、この設問の場合において非業務上取扱者非届出者なので届け出を要しない。

問5　(21) 2　　(22) 3　　(23) 2　　(24) 3　　(25) 4
　　〔解説〕
(21) 酸とは水に溶解したとき H^+ を出すものであり、塩基とは OH^- を出すものである。また、中和とは酸と塩基が過不足なく反応した状態であり、例えば強酸と弱塩基が過不足なく反応したときの中和点は弱酸性となる。

(22) pH＝-log$[H^+]$ から求める。この場合酸性の物質の pH しか求めることができないから塩基性の物質の pH を求める際には水のイオン積から pH ＝ 14 － (-log$[OH^-]$)から求める。0.01 mol/L のアンモニア水の電離度は 0.010 であるから、このアンモニア水の$[OH^-]$は 0.01 × 0.010 ＝ 1.0 × 10^{-4} である。この時の-log$[OH^-]$は 4 となるから、この溶液の pH は 14 － 4 ＝ 10 となる。

(23) pH が小さいとは酸性度がより強い（大きい）ということである。すなわち、この中で酸性度の大きいものは硫酸であり、次に強酸弱塩基から生じる塩である塩化アンモニウム、弱酸強塩基の塩である酢酸ナトリウム、強塩基である水酸化アンモニウムの順となる。

(24) 濃度不明の酢酸水溶液をコニカルビーカーに、濃度が 0.10 mol/L と判明している水酸化ナトリウム水溶液をビュレットに入れる。同じコニカルビーカーには中和指示薬を入れる。通常強塩基を用いて中和滴定では中和点は pH7 よりも大きくなるので、中和指示薬は変色域がアルカリ性側にあるフェノールフタレインを入れる。またフェノールフタレインは酸性で無色、アルカリ性で赤色を呈する。

(25) 中和滴定の公式は「酸のモル濃度×酸の価数×酸の体積＝塩基のモル濃度×塩基の価数×塩基の体積」である。これに設問の数値を代入すると、0.3 × 2 × 100 ＝ X × 1 × 150, X ＝ 0.40mol/L

問6　(26) 3　　(27) 3　　(28) 2　　(29) 2　　(30) 4
　　〔解説〕
(26) 窒素（N_2）の分子量は 28 である。したがって 14kg の窒素のモル数は 14000/28 ＝ 500 モルである。反応式から窒素 1 モルでアンモニアが 2 モル生じることから、窒素 500 モルではアンモニアが 1000 モル生じる。

(27) 反応式の係数合わせである。2KMnO₄ より②の係数が 2 と決まる。また反応式右辺の 8H₂O より、①の係数が 5 と決まる。

(28) エタン C_2H_6 の分子量は 30 である。したがってエタン 1.50 g のモル数は 0.05 モルとなる。また反応式より、エタン 2 モルから二酸化炭素は 4 モル生じることから、これを比例で解くと、 2：4 ＝ 0.05：X, X ＝ 0.1 モルとなる。気体 1 モルあれば 22.4 L であるから、0.1 モルの二酸化炭素は 2.24 L となる。

(29) H_2（気）＋ 1/2O_2（気）＝ H_2O（気）＋ 242kJ …①式
　　　H_2O（気）＝ H_2O（液）＋ 44kJ …②式　とする。①式＋②式より、
　　　H_2（気）＋ 1/2O_2（気）＝ H_2O（液）＋ 286kJ となる。

(30) イオン化傾向とは、金属元素が陽イオンになりやすい性質順に並べたものであり、イオン化傾向の大きい金属ほど還元性が高く、自らは酸化されやすい。アルミニウム、鉄、亜鉛は水や熱水とは反応しないが、高温の水蒸気とは反応し水を還元し水素を発生させる。

問7　(31) 4　　(32) 1　　(33) 1　　(34) 2　　(35) 1
　　〔解説〕
(31) 3 ～ 11 族の元素を遷移金属元素という。b)1 族の元素は 1 価の陽イオンになりやすい。c)フッ素や塩素は 17 族元素でハロゲンと呼ばれる。d) 18 族元素は希ガスと言われており、価電子は 0 である。

(32)ベンゼンスルホン酸(C₆H₅SO₃H)、酢酸(CH₃COOH)、アセトン(CH₃COCH₃)、ジエチルエーテル(CH₃CH₂OCH₂CH₃)

(33)液体の蒸気圧と外圧が等しくなるとその液体は沸騰し始める。この温度を沸点という。沸点は純物質に固有の値であり、外圧が下がれば液体の沸点も減少する。

(34)フェノール(C₆H₅OH)は弱酸性物質、ニトロベンゼン(C₆H₅NO₂)は中性物質、アニリン(C₆H₅NH₂)は弱塩基性物質である。一般的に有機物質は水に溶けにくくジエチルエーテルのような有機溶媒に溶解しやすい。しかし、酸塩基反応によって生じた有機物質の塩は水に溶けるようになる。まず塩酸を加えてふり混ぜると弱塩基性のアニリンが塩酸と反応しアニリン塩酸塩となり水に溶解する。ジエチルエーテル層にはフェノールとニトロベンゼンが残る。この残った層に水酸化ナトリウム水溶液を加えると弱酸性のフェノールがこれと反応し、ナトリウムフェノキシドとなって水に溶解する。

(35) 1は3－アミノ－1－プロペン、2は3－アミノ－1－プロピン、3はプロピルアミン、4はイソプロピルアミンである。

（一般・特定品目共通）
問8　(36) 2　　(37) 3　　(38) 3　　(39) 1　　(40) 4
〔解説〕

(36)　1：クロロホルム、2：四塩化炭素、3：(モノ)クロロメタン、4：ホルムアルデヒド

(37)　四塩化炭素は、麻酔性の芳香臭を有する無色の重い液体で揮発性がある。不燃性であるが、高温下で酸素，水が共存するとホスゲンを発生する。酸化剤との接触を避け、換気の良い冷暗所に保管する。

(38)　四塩化炭素は無色の液体で、水に殆ど溶けないが、アルコール，エーテル、ベンゼンなどに可溶。

(39)　アルミニウム、マグネシウム、亜鉛等のある種の金属類と反応し、火災や爆発の危険をもたらす。

(40)　過剰の可燃性溶剤または重油等の燃料と共に、アフターバーナー及びスクラバーを具備した焼却炉中、高温で焼却する。また、スクラバーの洗浄液にはアルカリ溶液を用いる。

（一般）
問9　(41) 2　　(42) 3　　(43) 1　　(44) 2　　(45) 1
〔解説〕

(41)　アリルアルコール：CH₂＝CHCH₂OH は、刺激臭を有する無色の液体で、水，アルコール，クロロホルム等に可溶。毒物に指定されている。

(42)　ヘキサン－1，6－ジアミン（ヘキサメチレンジアミン）：H₂N-(CH₂)₆-NH₂ は、アンモニア臭を有する吸湿性の白色固体。劇物に指定されている。

(43)　発煙硫酸は、濃硫酸に過剰の三酸化硫黄を吸収させたもので、濃厚な油状液体あるいは結晶である。水との接触により多量の熱を発生し、また、可燃物，有機物との接触により発火の恐れがある。

(44)　ヨウ素：I₂ は、黒灰色又は黒紫色の金属光沢を有する結晶、昇華性があり、常温で揮散すると特異臭がある。

(45)　ジメチル硫酸：(CH₃O)SO₂ は、無色無臭の油状液体で、エーテル，アセトンなどに溶けるが、水には溶けない。皮膚に触れた場合、水ぶくれややけど(薬傷)を起こす。メチル化剤として用いられる。

問 10 　(46) 4　　(47) 2　　(48) 1　　(49) 2　　(50) 4
　〔解説〕
　　　(46)　トリクロル酢酸：CCl₃COOH は、無色の結晶でわずかな刺激臭がある。潮解性があり、水，アルコール，エーテルに可溶で，水溶液は強い酸性を示す。劇物に指定されている。
　　　(47)　沃化第二水銀（ヨウ化水銀(II)）：HgI₂　は、紅色（赤色）の結晶で、水にほとんど溶けない。劇物に指定されている。
　　　(48)　トリブチルアミン：(CH₃CH₂CH₂CH₂)₃N　は、無色～淡黄褐色の吸湿性を有する液体で、特異臭をもつ。毒物に指定されている。
　　　(49)　クレゾール：CH₃C₆H₄OH は、ベンゼン環の水素原子がメチル基と水酸基に置換されたもので、*o*，*m*，*p*-の3種類の位置異性体が存在する。クレゾールは、C，H，O から成る化合物なので、燃焼により生成するのは CO₂ と H₂O であるから、廃棄方法としては燃焼法が適当である。劇物に指定されている。
　　　(50)　塩化チオニル：SOCl₂ は、刺激臭を有する無色の液体で、比重（1.65 g/cm³）は水よりも大きい。発煙性があり、加水分解する（SOCl₂ + H₂O → SO₂ + 2HCl）。劇物に指定されている。

（農業用品目）
問 8 　(36) 3　　(37) 1　　(38) 4　　(39) 1　　(40) 4
　〔解説〕
　　　(36)　1,3-ジカルバモイルチオ-2-(N,N-ジメチルアミノ)-プロパン塩酸塩は、無色又は白色の結晶（粉末）である。
　　　(37)　化学式は1であるが、アミンの塩酸塩なので、・HCl が含まれるものを探すのも一つの方法である。
　　　(38)　2%以下は劇物除外である。
　　　(39)　1,3-ジカルバモイルチオ-2-(N,N-ジメチルアミノ)-プロパン塩酸塩（カルタップ塩酸塩）は、海釣りの餌として用いられるイソメの毒素（ネライストキシン）をモデルとして開発されたネライストキシン系の殺虫剤である。
　　　(40)　(39)下線箇所を参照。

問 9 (41) 2　　(42) 4　　(43) 1　　(44) 3　　(45) 4
　〔解説〕
　　　(41)　3-ジメチルジチオホスホリル-S-メチル-5-メトキシ-1,3,4-チアジアゾリン-2-オン（メチダチオン：DMTP）は、有機リン系の殺虫剤で、劇物に指定されている。
　　　(42)　(RS)-シアノ(3-フェノキシフェニル)メチル=2,2,3,3-テトラメチルシクロプロパンカルボキシラート（フェンプロパトリン）は、合成ピレスロイド系の殺虫剤である。
　　　(43)　ジエチル-(5-フェニル-3-イソキサゾリル)-チオホスフェイト（イソキサチオン）は、有機リン系の殺虫剤で、2%以下は劇物除外である。
　　　(44)　2-ジフェニルアセチル-1,3-インダンジオン（ダイファシノン）は、殺鼠剤で毒物に指定されている。0.005%以下は毒物除外（劇物指定）である。
　　　(45)　ジメチル-(N-メチルカルバミルメチル)-ジチオホスフェイト（ジメトエート）は、殺虫剤として用いられる有機リン系の化合物で、劇物に指定されている。

（特定品目）

問9　(41) 4　　(42) 2　　(43) 2　　(44) 1　　(45) 4

〔解説〕

(41)　クロム酸カリウム：K_2CrO_4 は、黄色の結晶で酸化剤である。$K_2Cr_2O_7$ は、重クロム酸カリウム(橙赤色の結晶)

(42)　ケイ弗化ナトリウム(ヘキサフルオロケイ酸ナトリウム)：Na_2SiF_6 は、白色の結晶で水に溶け難く、アルコールに不溶である。廃棄方法は、分解沈殿法が適当である。H_2SiF_6 は、ケイ弗化水素酸である。

(43)　クロロホルム：$CHCl_3$ は無色で特異臭のある液体でその蒸気は空気よりも重く不燃性である。光、熱などにより分解し、塩素，塩化水素，ホスゲン，四塩化炭素などを生じる。少量のアルコール添加により安定する。ホスフィンはリンの水素化物(PH_3)

(44)　アンモニア：NH_3 は、特有の刺激臭を有する空気よりも軽い無色の気体である。10%以下は劇物除外である。

(45)　メタノール(メチルアルコール)：CH_3OH は、特有の臭いがある、可燃性を有する無色透明な揮発性液体で、水と混和する。別名、木精と呼ばれる。石炭酸はフェノールの別名である。

東京都
平成 30 年度実施

〔筆　記〕
（一般・農業用品目・特定品目共通）

問1　(1) 4　　(2) 2　　(3) 3　　(4) 1　　(5) 4

〔解説〕

(1)法第1条に示されている。　　(2)法第2条第1項に示されている。　　(3)法第3条第2項に示されている。　　(4) (5)法第3条の3に示されている。

問2　(6) 4　　(7) 3　　(8) 3　　(9) 4　　(10) 2

〔解説〕

(6)この設問で正しいものは、cのみである。cは法第8条4項のこと。なお、aについては、直接に取り扱わない店舗とあるので、法第7条第1項において毒物股は劇物を直接取り扱わない店舗においては、毒物劇物取扱責任者を置かなくてもよい。bについては、農業用品目のみを取り扱う毒物劇物製造業とあるので、法第8条第4項により農業用品目のみを扱う場合は、毒物股は劇物の営業所及び販売業の店舗のみにおいて、毒物劇物取扱責任者になることができる。

(7)この設問は、法第 12 条における毒物股は劇物の表示のことで誤りは、aのみである。aは法第12条第1項のことで、白地に赤色をもって「毒物」ではなく、赤地に白色をもって「毒物」である。なお、bは法第12条第2項第四号→施行規則第 11 条の6第1項第二号のこと。cは法第 12 条第2項第四号→施行規則第 11 条の6第1項第四号のこと。dは法第 12 条第2項第三号→施行規則第 11 条の5により、有機燐化合物及びこれを含有する製剤たる毒物股は劇物について、解毒剤〔①ニーピリジルアルドキシムメチオダイド、②硫酸アトロピン製剤〕の名称を表示しなければならない。

(8)この設問は法第3条の4→施行令第 32 条の3において、①亜塩素酸ナトリウムを含有する製剤 30 ％以上、②塩素酸塩類を含有する製剤 35 ％以上、③ナトリウム、④ピクリン酸については、業務上正当な理由による場合を除いては所持してならないと規定されている。このことからこの設問で正しいのは、bの塩素酸カリウムとcのナトリウムが該当する。

(9)この設問は特定毒物研究者のことで、aとbは誤りである。aについては法第3条の2第2項により、特定毒物研究者は特定毒物を輸入することができる。bについては、法第3条の2第4項の規定で、特定毒物研究者は特定毒物を学術研究以外の用途には供してならないと規定されている。cは法第 10 条第2項第二号→施行規則第 10 条の3第三号のこと。設問のとおり。dは法第 10 条第2項第三号のこと。設問のとおり。

(10)この設問は法第 22 条における業務上取扱者の届出を要する事業者のことで、正しいのは、bとcである。届出を要する事業とは、法第 22 条第1項→施行令第 41 条及び第 42 条で、①電気めっき行う事業、②金属熱処理を行う事業、③最大積載量 5,000 kg以上の大型自動車に積載して行う毒物又は劇物の運送の事業（この事業については施行規則第 13 条の 13 で内容積が規定されている。）、④しろありを行う事業である。このことから正しいのは、bとcが正しい。bは法第22条第1項→施行令第 41 条第一号及び第 42 条第一号でシアン化ナトリウム及び無機シアン化合物たる毒物及びこれを含有する製剤である。cは法第 22 条第1項→施行令第 41 条第四号及び第 42 条第三号で、砒素化合物たる毒物及びこれを含有する製剤である。

問3　(11) 3　　(12) 4　　(13) 2　　(14) 4　　(15) 2

〔解説〕

(11)この設問は、法第 14 条の譲渡手続及び法第 15 条の毒物又は劇物の交付の制限のこと。正しいのはbとcである。bは法第 14 条第2項→施行規則第 12 条の2のこと。設問のとおり。cは法第14条第1項のことで、①毒物又は劇物の名称及び数量、②販売又は授与の年月日、③譲受人の氏名、職業及び住所（法人にあっては、その名称及び主たる事務所の所在地）を書面に記載しなければならないである。設問のとおり。なお、aは法第 15 条第1項第一号により、18 歳未満の者

に毒物又は劇物を交付してはならないと規定されている。dは法第14条第4項で、販売又は授与の日から5年間保存しなければならないと規定されている。この設問では3年間保存とあるので誤り。

(12)この設問は、施行規則第4条の4における製造所等の設備基準のこと。正しいのはbとdである。bは施行規則第4条の4第1項第二号イのこと。dは施行規則第4条の4第1項第二号ホのこと。なお、aとcは誤り。aは劇物の製造業者で、製造頻度が低くいとあるが、施行規則第4条の4第1項第一号ロにおいて劇物を含有する粉じん、蒸気又は廃水の処理を要する設備又は器具を備えなければならない。cについては毒物を陳列する場所のことなので、施行規則第4条の4第1項第三号で、毒物又は劇物を陳列する場所にはかぎをかける設備があること規定されている。このことからこの設問にあるような常時直接監視する設備があってもかぎをかける設備を設けなければならないである。

(13)この設問は法第16条の2における事故の際の措置のこと。正しいのはa cである。aは法第16条の2第1項に示されている。cは法第16条の2第2項に示されている。なお、bとdについては、bの設問では、保健衛生上の危害の生ずるおそれのない量であっても法第16条の2第2項により、直ちに、その旨を警察署に届け出なければならないである。dについてもbと同様である。この設問に特定毒物でなかったためとあるが、特定毒物も毒物に含まれる。

(14)この設問で正しいのは、cのみである。cは、施行令第40条の5第2項に示されている。なお、a、b、dについては、aは施行令第40条の5第2項第一号→施行規則第13条の4第一号で4時間を超える場合は、交替して運転する者を同乗させなければならない。よって誤り。bは施行令第40条の5第2項第三号において、法で定められた保護具を2人分以上備えければならない。dは施行令第40条の5第2項第二号→施行規則第13条の5で、この設問にある「劇」と表示した標識ではなく、「毒」と表示した標識である。

(15)この設問で正しいのはaとcである。aは施行令第40条の6第1項に示されている。c施行令第40条の6第2項→施行規則第13条の8第に示されている。なお、bについては運送人の承諾を得ても、施行令第40条の6第1項による①名称、②成分、③含量、④数量、⑤事故の際の書面を交付しなければならない。また、1回の運搬につき数量1,000kg以上(施行規則第13条の7)について適用される。dについては、車両による運送距離が50キロメートル以内とあるが、運送距離の規定はないので施行令第40条の6の規定による荷送人としての書面の交付をしなければならない。

問4　(16) 2　　(17) 1　　(18) 3　　(19) 2　　(20) 4
〔解説〕
(16) a、b、d は設問のとおり。この設問は法第3条3項ただし書規定における設問のことで、a 設問におけるAの毒物劇物輸入業者は自ら輸入した水酸化ナトリウムをBの毒物劇物製造業者に販売することができる。b 設問におけるBの毒物劇物製造業者は自ら製造した48％水酸化ナトリウム水溶液をCの毒物劇物一般販売業者に販売することができる。このことについては法第3条3項ただし書規定で毒物劇物営業者間であるので購入することができる。また、d 設問におけるCの毒物劇物一般販売業者については販売業の登録者であるので、Dの毒物劇物業務上取扱者にも販売することはできる。なお、c についてはBの毒物劇物製造業者は自ら製造した48％水酸化ナトリウム水溶液をDの毒物劇物業務上取扱者に販売することはできない。このことは毒物劇物営業者間のみ自ら製造或いは輸入した販売股は授与等ができるのである。よってこのc設問では法第3条3項ただし書規定に該当しない。よって誤り。
(17) Aの毒物劇物製造業者が新たに98％硫酸を輸入するとあるので法第9条第1項の規定により、あらかじめ製造業又は輸入業にあっては、製造し、又は輸入しようとする毒物又は劇物の品目について、登録の変更を受けなければならないである。このことから正しいのは1である。
(18)この設問ではBの毒物劇物製造業者はについて個人として、毒物劇物製造業の登録を受けているが、新たに法人〔株式会社〕としての毒物劇物製造業の登録を受けて、毒物股は劇物の製造〔この場合は、48％水酸化ナトリウム水溶液〕を行うとある。個人から法人へと形態が変わるので、新たに登録申請をして廃止届を提出。
(19)この設問では、Cの毒物劇物一般販売業者が東京都港区内を廃止して、新

たに東京都中央区内に店舗を設けるとあるので、a、d が正しい。a については法第4条の営業の登録を受けなければない。d については法第10条第1項第四号における廃止届を提出しなければならない。なお、b、c におけることで、この設問では港区内の店舗を廃止して、中央区内に新たな店舗を設けるとあるので、法第4条で店舗ごとに登録申請をしなければならない。このことから交付申請あるいは変更届ではなく、新たに登録申請をして30日以内に廃止届を提出しなければならない。

(20)この設問で正しいのは、d のみである。d は法第12条第4項に示されている。なお、a については、この設問にあるような場合であっても法第12条第4項に基づいて、「医薬用外」の文字及び毒物については「毒物」、劇物については「劇物」の文字を表示しなければならないである。b は法第11条第4項→施行規則第11条の4において、飲食物の容器に毒物又は劇物を使用してはならないである。

問5 (21) 3　(22) 4　　(23) 4　　(24) 2　　(25) 3
〔解説〕
(21)酸や塩基の強弱は酸や塩基の価数ではなく電離度によって決まる。また、酸とは、水溶液中でH^+イオンを出すものであり、塩基はOH^-を出すもの、あるいは H^+を受け取ることができるものを指す。弱酸と強塩基の中和のように中和点では常に中性とは限らない。

(22)0.1mol/L の水酸化カリウムの水酸化物イオン濃度$[OH^-]$は0.1である。したがってこの溶液の pOH は、$pOH = -\log[OH^-]$より、$pOH = -\log[1.0 \times 10^{-1}] = 1$。水のイオン積より、$pH + pOH = 14$であるから、この溶液の pH は 13 となる。

(23)中和点は塩基性側にあるので、メチルオレンジのような変色域が酸性側にある指示薬を用いることはできない。滴定の際はビュレットより滴下する。

(24)中和の公式(酸の価数×酸のモル濃度×酸の体積=塩基の価数×塩基のモル濃度×塩基の体積)より求める。塩酸の価数は 1、水酸化カルシウムの価数は 2 であることから、中和の公式に当てはめると、$1 \times 2.0 \times V = 2 \times 1.0 \times 20$、$V = 20mL$

(25)水酸化バリウムは 2 価の塩基、アンモニアは 1 価の塩基、メタノールは中性、水酸化リチウムは 1 価の塩基である。

問6 (26) 1　(27) 3　　(28) 1　　(29) 2　　(30) 3
〔解説〕
(26)酸化数を求めるとき、単体の酸化数は 0、酸素は− 2、水素は+1 として考え、化合物ならば全体の酸化数の和が 0、イオンならばその価数になるように求める。

(27)気体の状態方程式($PV = nRT$)より、$P \times 3.0 = 0.5 \times 8.3 \times 10^3 \times (273+27)$、$P = 4.15 \times 10^5 Pa$

(28)プロパンの生成熱は $3C(固) + 4H_2(気) = C_3H_8(気) +QkJ$ である。①式×2+②式×3−③式より、$3C(固) + 4H_2(気) = C_3H_8(気) + 107kJ$

(29)水素を失う変化を酸化という。また相手を還元し、自身が酸化されるものを還元剤という。

(30)モル濃度＝質量(g)/分子量× 1000/体積(mL) で求めることができる。水酸化カルシウム $Ca(OH)_2$ の分子量(正確には式量という)は 74 であるから、公式に当てはめると、モル濃度＝$7.4/74 \times 1000/500$，モル濃度＝ 0.2mol/L となる。

問7 (31) 1　(32) 4　　(33) 3　　(34) 1　　(35) 1
〔解説〕
(31)ダイヤモンドは炭素原子が共有結合により結ばれている単体である。水素結合は共有結合やイオン結合に比べて弱い結合である。

(32)リチウムは赤色、ストロンチウムは紅色の炎色反応を示す。

(33)同位体とは同じ元素であるが中性子の数が異なるものである。アルミニウムは 13 族の元素であるため典型元素に分類される。

(34)有機物質は有機溶媒(ジエチルエーテル等)に溶解しやすく、水には溶解しにくい性質を持っているものがほとんどである。しかし、有機物質の塩(中和により生じるもの)は一般的に有機溶媒よりも水に溶解しやすくなる。アニリンは塩基性有機化合物であり塩酸と反応してアニリン塩酸塩を生じる。このアニリン塩酸塩は水に溶解する。また、酸である安息香酸とフェノールは有機溶媒に残る。この有機層に水酸化ナトリウムを加えるとどちらも塩(安息香酸塩、ナトリウムフェノキシド)となり水槽に溶解するが、この水層に二酸化炭素を通じると、炭酸(H_2CO_3)よりも酸性の弱いフェノール

は、ナトリウムフェノキシドからフェノールの状態に戻り、再び有機溶媒に溶解する。酸性度：安息香酸＞炭酸＞フェノール
(35)エタノール C_2H_5OH、酪酸メチル $C_3H_7COOCH_3$、硝酸 HNO_3、ジエチルエーテル $C_2H_5OC_2H_5$

（一般・特定品目共通）
問8　(36) 3　　(37) 3　　(38) 1　　(39) 3　　(40) 1
〔解説〕
　(36)1はメチルエチルケトン、2はトルエン、3はアクロレインである。
　(37)酢酸エチルにはガラスを侵す性質はなく、引火性の強い液体である。
　(38)酢酸エチルは無色の液体で水より軽く、果実様の芳香がある液体である。
　(39)酢酸エチルは可燃性の液体であり、不完全燃焼することで一酸化炭素を放出する。ホスフィン(PH_3)はリンが構造式中に無いと生成しない。またホスゲン($COCl_2$)も同様に Cl が必要であり、燃焼からでは生じない。
　(40)酢酸エチルは可燃性であり、完全燃焼させて焼却処分する。

（一般）
問9　(41) 1　　(42) 2　　(43) 3　　(44) 2　　(45) 1
〔解説〕
　(41)アクロレインは劇物に指定されており、性状は無色から帯黄色の液体で刺激臭を有する。引火性がある。
　(42)ピクリン酸は劇物に指定されており、性状は淡黄色の光沢のある針状結晶。急速に熱するか衝撃により爆発する。染料や医薬品原料として用いられており、鉄や鉛、銅などの金属容器を使用して貯蔵することはできない。
　(43)水銀は毒物に指定されており、性状は銀白色の重い液体である。硝酸には溶けるが、水や塩酸には溶けない。寒暖計、気圧計、水銀ランプや歯科用のアマルガムに用いられる。
　(44)パラフェニレンジアミンは劇物に指定されており、白色から微赤色の板状結晶である。アルコール、クロロホルム、エーテルに可溶で、水に溶けにくい。染料製造、毛皮染料、染毛剤などに用いられている。
　(45)クロルスルホン酸は劇物に指定されており、無色から淡黄色の発煙性刺激臭のある液体である。水と激しく反応し硫酸と塩酸を発生する。
問10　(46) 2　　(47) 4　　(48) 2　　(49) 4　　(50) 1
〔解説〕
　(46)無水酢酸は酢酸 2 分子が脱水縮合した刺激臭のある液体の化合物で、平成28 年度から劇物に指定された。
　(47)ニコチンは毒物に指定されており、無色無臭の油状液体で水、アルコール、クロロホルム、エーテルなどに溶けやすい。
　(48)炭酸バリウムは劇物に指定されており、白色固体で水にはほとんど溶けない。一般的にバリウム塩は水に溶けにくいが、劇物の硝酸バリウムは水によく溶ける。
　(49)ヘキサン-1, 6-ジアミンは劇物に指定されており、アンモニア臭のある吸湿性の白色の固体である。アジピン酸とともに用いることでナイロン-6,6 の合成に用いられる。
　(50)黄燐は毒物に指定されており、白色または淡黄色のロウ状固体である。水にはほとんど溶けず、クロロホルム、ベンゼン、二硫化炭素に溶けやすい。空気中で自然発火するので水中で保存する。

（農業用品目）
問8　(36) 1　　(37) 4　　(38) 2　　(39) 1　　(40) 2
〔解説〕
　(36)ダイアジノンの構造は1である。化合物名にチオが入っていれば S がホスホあるいはホスフェートとあれば P がその構造中に含まれる。
　(37)ダイアジノンは劇物であるが 5 ％以下（マイクロカプセル製剤にあっては25 ％以下）を含有するものは劇物から除外される。
　(38)リンを構造中に含んでいる有機化合物であるので有機燐系に分類される。
　(39)有機燐系殺虫剤である。無色で、特異臭のある液体である。
　(40)ダイアジノンは固化隔離法または焙焼法(燃焼法)により廃棄する。

問9 (41) 1 (42) 2 (43) 4 (44) 3 (45) 3
〔解説〕
(41) 5-メチル-1,2,4-トリアゾロ[3,4-b]ベンゾチアゾールの別名はトリシクラゾールであり、いもち病などの殺菌剤として用いる。8％以下で劇物から除外される。ジメトエートはジメチル-(N-メチルカルバミルメチル)-ジチオホスフェートの別名である。
(42) カルボスルファンの別名である。劇物に指定されている。カルバリル(NAC)は1-ナフチルメチルカーバメートである。
(43) イミノクタジンの酢酸塩を含有する製剤は劇物に指定されている。ただし3．5％以下を含有するものおよびアルキルベンゼンスルホン酸塩は除外される。用途としては抗菌薬として用いられる。
(44) イミダクロプリドはネオニコチノイド(クロロニコチニル)系の殺虫剤であり、2％以下(マイクロカプセル製剤にあっては12％以下)を含有するものは劇物から除外される。
(45) トルフェンピラドは劇物に指定されており、殺虫剤として用いられる。

（特定品目）
問9 (41) 2 (42) 2 (43) 1 (44) 4 (45) 2
〔解説〕
(41) ホルムアルデヒドの化学式は HCHO であり、HCOOH はホルムアルデヒドの酸化生成物であるギ酸である。ホルムアルデヒドは刺激臭のある無色の気体であり、これを水に溶解したものをホルマリンという。ホルムアルデヒド1％以下の含有で劇物から除外される。
(42) 一酸化鉛は PbO であり、PbO₂ は二酸化鉛である。一酸化鉛は黄色から赤色までの種々のものがある重い粉末で、熱すると帯赤褐色になる。水には溶解せず、酸やアルカリには溶解する。リサージ、密陀僧などの別名がある。
(43) 蓚酸は無色の柱状結晶であり、風解性を持つ。注意して加熱すると昇華するが急速に熱すると二酸化炭素と水に分解する。10％以下の含有で劇物から除外され、漂白剤や捺洗剤などの用途で使用される。
(44) 硫酸は 2 価の酸であり不燃性無色透明の油状液体である。水に加えると発熱する。10％以下の含有で劇物から除外される。
(45) メチルエチルケトンは芳香性(アセトン臭)のある無色の液体で水、アルコール、エーテルに混和する。引火性がある。

東京都
令和元年度実施

〔筆　記〕
（一般・農業用品目・特定品目共通）

問1　(1) 1　　　(2) 4　　　(3) 1　　　(4) 3　　　(5) 4
〔解説〕
(1) 法第1条の目的
(2) 法第2条は、毒物、劇物、特定毒物に関する定義。設問の法第2条第2項は、劇物を示している。
(3) 法第3条は、製造業、輸入業、販売業の登録のことで、設問の法第3条第3項は、販売業の登録について示している。
(4)～(5)については、引火性、発火性又は爆発性のある毒物又は劇物における禁止規定を示している。

問2　(6) 1　　　(7) 2　　　(8) 4　　　(9) 2　　　(10) 3
〔解説〕
(6) この設問では、a、b が正しい。a は法第4条第4項の登録の更新。b は法第4条第1項に示されている。なお、c については、その店舗の所在地の都道府県知事を経て、厚生労働大臣ではなく、店舗ごとに、その店舗の所在地の都道府県知事である。このことは法第4条第3項に示されている。d の毒物劇物一般販売業の登録を受けた者は、すべての毒物（特定毒物も含まれる）又は劇物を販売または授与することができる。このことからこの設問は誤り。
(7) この設問では、a、c、d が正しい。a は法第12条第2項第四号→施行規則第11条の6第1項第一号に示されている。c は法第12条第2項第三号→施行規則第11条の5において、有機燐化合物及びこれを含有する製剤たる毒物及び劇物については、解毒剤として①2－ピリジルアルドキシムメチオダイド(別名 PAM)の製剤、②硫酸アトロピンの製剤を容器及び被包を表示しなければならないと示されている。このことから設問のとおり。d は法第12条第2項第四号→施行規則第11条の6第1項第二号に示されている。なお b については、赤地に白色ではなく、白地に赤色をもって「劇物」の文字を表示しなければならないである。法第12条第1項に示されている。　　(8)法第3条の3において興奮、幻覚又は麻酔の作用を有する毒物又は劇物について→施行令第32条の2で、①トルエン、②酢酸エチル、トルエン又はメタノールを含有するシンナー、塗料及び閉そく用ま又はシーリングの充てん剤については、みだりに摂取、吸入しこれらの目的で所持してはならないと示されている。このことから設問にある a のトルエン、d のメタノールを含有するシンナーが該当する。　　(9)この設問は法第16条の2における毒物又は劇物の事故の際の措置のことで、a、b が正しい。a は法第16条の2第1項に示されている。b は、法第16条の2第2項に示されている。なお、c の設問では、劇物が少量であったために、その旨を警察署に届け出なかったとあるが、毒物又は劇物について紛失或いは盗難にあった場合は、量の多少にかかわらず、その旨を警察署に届け出なければならない。この設問の法第16条の2については、平成30年6月27日法律第66号で同条は、令和2年4月1日より法第17条となる。
(10)この設問は法第22条第1項→施行令第41条及び同第42条における業務上取扱者の届け出る事業者のこと。業務上取扱者の届出をする事業者とは、①無機シアン化合物たる毒物及びこれを含有する製剤を使用する電気めっき行う事業、②同製剤を使用する金属熱処理事業、③最大積載量 5,000 キログラム以上の大型自動車(施行令別表第二掲げる品目を運送)事業、④砒素化合物たる毒物及びこれを含有する製剤を使用するしろありの防除を行う事業である。このことから b、c が正しい。

問3　(11) 2　　　(12) 4　　　(13) 3　　　(14) 4　　　(15) 3
〔解説〕
(11)この設問で正しいのは、a、b、c である。a は法第7条第2項に示されている。b の一般毒物劇物取扱者試験に合格した者は、すべての毒物又は劇物製造所、営業所、店舗の毒物劇物取扱責任者になることができる。設問のとおり。c は法第8条第4項に示されている。d は、製造所ではなく、特定品目(第4条の3第2

- 161 -

項→施行規則第4条の3→施行規則別表第二)に掲げる品目のみの販売業の店舗において毒物劇物取扱責任者になることができる。よって誤り。　　(12)この設問は法第14条及び法第15条における譲渡手続及び交付の制限のこと。aのみが正しい。aは法第14条第1項に示されている。なお、bは法第14条第4項で、譲受人から受けた書面の保存期間は、5年間と規定されている。cは法第15条第1項第一号で、18歳未満の者には交付してはならないと規定されている。dについては、法第14条第2項で、書面の提出を受けなければ、毒物又は劇物を毒物劇物営業者以外の者に販売し、又は授与してはならないと規定されているので、この設問では翌日とあるので誤り。　　　　　　(13)この設問は施行規則第4条の4における設備等基準のことで、b、cが正しい。bは施行規則第4条の4第1項第一号イに示されている。cは施行規則第4条の4第1項第二号ホに示されている。なお、aは施行規則第4条の4第1項第二号ニにおいてかぎをかける設備を設ける。　　　　(14)4この設問は毒物又は劇物の運搬方法のことで、c、dが正しい。cは施行令第40条の6第1項に示されている。dは施行令第40条の5第2項第一号→施行規則第13条の4に示されている。なお、aは施行規則第13条の5で、0.3メートル平方の板に地を黒色、文字を白色として「毒」と表示し、車両の前後見やすい箇所に掲げなければならないと規定されている。bは施行令第40条の5第2項第三号で、車両には、厚生労働省令で定めるものを2人分以上備えることと規定されている。

　　　(15)この設問は毒物又は劇物を他に委託する場合のことで、bとdが正しい。bは施行令第40条の6第3項→施行規則第13条の8に示されている。dは施行令第40条の6第1項で、荷送人は、運送人に対して、あらかじめ毒物又は劇物の①名称、②成分、③含量、④数量、⑤書面(事故の際の講じなければならない応急の措置の内容)を交付しなければならない。なお、aの設問にある鉄道についても施行令第40条の6第1項に示されている。よって誤り。cは施行令第40条の6において、この設問あるような口頭による通知をすることはできない。

問4　(16)2　　(17)4　　(18)3　　(19)2　　(20)2
〔解説〕
　　　(16)aについては、Aの毒物劇物輸入業者が自ら輸入した水酸化カリウムをBの毒物劇物製造業者に、法第3条第3項ただし書規定により販売することができる。設問のとおり。bについてもBの毒物劇物製造業者が自ら製造した20％水酸化カリウム水溶液をCの毒物劇物一般販売業者に販売することができる。aと同様である。なお、cについては、Bの毒物劇物製造業者が自ら製造した20％水酸化カリウム水溶液をDの毒物劇物業務上取扱者には販売することはできない。dについてCの毒物劇物一般販売業者は、Dの毒物劇物業務上取扱者には販売することはできない。cとdの設問中におけるDの毒物劇物業務上取扱者については、毒物劇物営業者ではないからである。　毒物劇物営業者とは、毒物又は劇物①製造業者、②輸入業者、③販売業者のことをいう。　　(17)この設問におけるAの毒物劇物輸入業者が新たに48％水酸化カリウム水溶液を輸入する場合の手続きのことである。このことは法第9条における登録の変更についてで、同条であらかじめ輸入しようとするときは登録の変更を受けなければならないと規定されている。このことから正しいのは、4が該当する。　　(18)Bの毒物劇物製造業者が既に登録を受けている製造所の名称の変更については、法第10条第1項第一号により30日以内登録の変更を届け出なければならない。このことから3が該当する。

　　　(19)この設問は、Cの毒物劇物一般販売業者が現行ある店舗を廃止して新たに移転して設ける店舗における手続きについてのことである。この設問で正しいのは、aとcである。なお、b、dいずれも誤り。　　(20)この設問におけるDの毒物劇物業務上取扱者(非届出者)については、法第22条第5項にかかわることで正しいのは、aとdが正しい。aは法第11第1項の盗難予防の措置のこと。dは法第12条第1項の表示のこと。なお、bについては法第11第4項において飲食物容器使用禁止と規定されいる。誤り。cの設問にあるような取扱品目の変更を要しない。

問5　(21)4　　(22)1　　(23)3　　(24)4　　(25)2
〔解説〕
　　　(21)酸性の水溶液でも、塩基性の水溶液でも水酸化物イオンはわずかに存在している。　　(22)すべて正しい。(23)濃度不明の水酸化カルシウムのモル濃度をx mol/L とおく。また、水酸化カルシウムは2価の塩基、硫酸は2価の酸であるので式は、0.60 mol/L × 2 × 100 ＝ x mol/L × 2 × 120,　x mol/L ＝ 0.50 mol/L
(24)b,　水酸化ナトリウムも水酸化カルシウムもどちらも強塩基であり、電離度は

1 と考える。同一のモル濃度であり、電離度が等しいならば価数が大きい方が pH が大きくなる。c, 塩基性物質を水で希釈すると pH は 7 に近づく方向に小さくなる。　　(25)H₂S は NaOH から生じる OH－に H+を渡している。

問6　(26) 3　　(27) 3　　(28) 2　　(29) 1　　(30) 4
〔解説〕
　　(26)NaOH の式量は 23+16+1 = 40 である。5.0 ÷ 40 = 0.125 mol　　(27)塩化ナトリウムの量を x g とする。　x /（100 +x）× 100 = 20、　x = 25.0 g　(28)70 ℃のホウ酸の飽和水溶液 360 g には、ホウ酸 60 g が水 300 g に溶けている状態である。これを 10 ℃に冷却すると水 100 g にホウ酸は 5 g 溶けるから、水 300 g では 15 g のホウ酸が溶解する。したがって析出するホウ酸の重さは 60 － 15 = 45 g となる。
　　(29)エタノール C₂H₅OH の分子量は 46 である。したがって、9.20 g のエタノールの mol 数は、9.20 ÷ 46 = 0.20 mol である。化学反応式よりエタノール 1 mol が燃焼すると二酸化炭素が 2 mol 生成するから、0.20 mol のエタノールからは 0.40 mol の二酸化炭素が生じる。標準状態で 1 mol の気体の体積は 22.4 L であるから、0.40 mol の気体の体積は 22.4 × 0.4 = 8.96 L となる。　　(30)炭素原子は還元剤として働き、自らは酸化されている。

問7　(31) 2　　(32) 1　　(33) 4　　(34) 3　　(35) 4
〔解説〕
　　(31)非金属元素はすべて典型元素である。　　(32)凝縮は気体が液体になる状態変化、蒸発は液体が気体になる状態変化、化学変化は物質そのもの（化学式など）が変化することである。　　(33)H-Cl は塩素原子が電気陰性度が大きいので分子内に電荷の偏りを生じ、極性分子となる。　　(34)カリウムは紫、ストロンチウムは紅の光を発する。　　(35)銀はイオン化傾向が小さいため、空気中では速やかには酸化されない。イオン化傾向の大きい金属ほど陽イオンになりやすく、そのため還元力が強い。

（一般・特定品目共通）
問8　(36) 1　　(37) 1　　(38) 2　　(39) 4　　(40) 3
〔解説〕
　　(36)HNO₃ が硝酸、CH₃OH はメタノール、H₂SO₄ は硫酸、NH₃ はアンモニアである。　　(37)すべて正しい。　　(38)硝酸は無色の液体で刺激臭がある。　　(39)硝酸が加熱分解すると窒素酸化物(NOx)を発生する。　　(40)硝酸は酸性の無機化合物であるので、アルカリにより中和して廃棄する。

（一般）
問9　(41) 3　　(42) 3　　(43) 2　　(44) 2　　(45) 1
〔解説〕
　　(41)キシレンは無色の液体で引火性がある。　　(42)イソキサチオンは有機燐系殺虫剤で、淡黄褐色油状物質である。　　(43)塩化ベンジルは毒物に指定されている。　　(44)炭酸バリウム BaCO₃ は白色固体で、希塩酸にはよく溶けるが、水やエタノールにはほとんど溶けない。　　(45)すべて正しい。
問10　(46) 4　　(47) 1　　(48) 2　　(49) 3　　(50) 2
〔解説〕
　　(46)燐化水素 PH3 はホスフィンとも呼ばれており、アセチレンまたは腐った魚のにおいのする気体である。毒物。　　(47)五塩化アンチモン SbCl₅ は微黄色の液体であり、多量の水で塩化水素を発生する。廃棄法は沈殿法であり、五塩化アンチモンを水に少量ずつかし、そこに硫化ナトリウムを加え、硫化アンチモンとして沈殿させ、ろ過し、埋め立て処理する。劇物。　　(48)二硫化炭素は麻酔性芳香のある液体であるが、市販品は不快な臭気をもつ極めて引火性の高い液体。水には溶けず比重は水より大きい。溶媒やゴム製品の接合などに用いられている。劇物。　　(49)硅弗化ナトリウム Na₂SiF₆ は白色の結晶で水に溶けにくく、アルコールには溶けない。釉薬や農薬に用いられる。劇物。　　(50)アリルアルコール CH₂=CH-CH₂OH は水、アルコール、クロロホルムに可溶である。医薬品や樹脂などの原料に用いられ、毒物に指定されている。

（農業用品目）

問8　(36) 2　　(37) 3　　(38) 1　　(39) 4　　(40) 4

〔解説〕

　　(36)ジメチルジチオホスホリルフェニル酢酸エチルは赤褐色油状の芳香性刺激臭のある液体である。　　(37)劇物に指定されており、3 ％以下の含有で劇物から除外される。　　(38)有機燐系に分類される。　　(39)接触性殺虫剤として用いる。　　(40)有機物は可燃性が多いため、一般的に燃焼法で処分する。

問9　(41) 2　　(42) 1　　(43) 1　　(44) 1　　(45) 1

〔解説〕

　　(41)クロルピクリン CCl_3NO_2 は劇物に指定されている無色油状の液体である。市販品は微黄色で催涙性がある。燻蒸剤として用いられる。　　(42)カルタップは白色の結晶で水やメタノールには可溶、ベンゼンやアセトン、エーテルには溶けない劇物である。カーバメイト系殺虫剤で 2 ％以下の含有で劇物から除外される。　　(43)塩素酸ナトリウム $NaClO_3$ は白色の結晶で水によく溶ける。劇物に指定されており、酸化剤、除草剤、抜染剤として用いられる。　　(44)ジクワットは淡黄色結晶で水によく溶ける。アルカリ性水溶液で分解する性質を持ち、除草剤として用いられる。劇物に指定されており、廃棄法はアフターバーナーを具備した焼却炉で燃焼する。　　(45)ベンフラカルブはカーバメイト殺虫剤として用いられる劇物で、6%以下の含有で劇物から除外される。

（特定品目）

問9　(41) 2　　(42) 4　　(43) 2　　(44) 1　　(45) 4

〔解説〕

　　(41)硅弗化ナトリウム Na_2SiF_6 は白色の結晶で水に溶けにくく、アルコールに溶けない。農薬、釉薬、防腐剤に用いられ、酸と接触すると有毒な弗化水素ガス及び四弗化ケイ素ガスが発生する。　　(42)塩素 Cl_2 は黄緑色の気体で、刺激臭がある。強い酸化作用をもつため、酸化剤や漂白剤に用いる。　　(43)アンモニア NH_3 は刺激臭のある気体で水によく溶け、アルカリ性を示す。よってもっともよい廃棄法は酸により中和する。　　(44)メチルエチルケトン $CH_3COC_2H_5$ は無色のアセトン臭のある引火性の液体で、水によく溶ける。　　(45)メタノール CH_3OH は水によく溶ける引火性の揮発性液体で、エタノール臭気がある。

解答・解説編
〔実地〕

東京都

平成 27 年度実施

〔実　地〕

（一般）

問 11　(51) 2　　　(52) 2　　　(53) 1　　　(54) 3　　　(55) 4

〔解説〕

    (51)　キシレン($C_6H_4(CH_3)_2$)は芳香性のある無色の液体で溶剤として用いられる。

    (52)　砒化水素(AsH_3):無色にんにく臭のある気体で可燃性の毒物で、別名をアルシンという。

    (53)　メトミルは白色の水溶性固体。弱い硫黄臭があり殺虫剤として用いられている劇物である。

    (54)　硫化カドミウム(CdS)は、赤～黄色の粉末で水にほとんど溶けない。顔料などに用いられる。

    (55)　ジボラン(B_2H_6)は無色のビタミン臭のある気体。可燃性で特殊材料ガスや還元剤として用いられる。毒物。

問 12　(56) 4　　　(57) 3　　　(58) 1　　　(59) 2　　　(60) 2

〔解説〕

    (56)　ヨウ化メチル(CH_3I):別名ヨードメタン、無色の液体で光により一部が分解しヨウ素を遊離するため、古くなったものは茶色に変色する。劇物。

    (57)　燐化水素(PH_3):別名ホスフィンと言い、無色アセチレンまたは腐った魚の臭いのある気体。毒物。

    (58)　炭酸銅($CuCO_3$)は青から緑色の固体。顔料などに用いられる。劇物。

    (59)　塩素酸カリウム($KClO_3$):別名を塩剥。無色の水に可溶な固体。爆発物の製造に用いられる。

    (60)　トリクロロシラン($SiHCl_3$)は無色刺激臭のある液体で可燃性である。水により分解し塩化水素を生じる。劇物。

問 13　(61) 1　　　(62) 2　　　(63) 3　　　(64) 2　　　(65) 4

〔解説〕

    (61)　A はクロロプレン、B はナトリウム、C は無水クロム酸、D は硼弗化水素酸

    (62)　1 は硼フッ化水素、3 は三フッ化ホウ素、4 はモノクロロ酢酸クロライドである。

    (63)　カリウムはナトリウムと同じアルカリ金属であるため石油中で保存する。

    (64)　クロム酸は酸化剤なので、硫酸第一鉄などの還元剤の水溶液を過剰に用いて還元した後、処理して廃棄する。

    (65)　全て劇物である。

問 14　(66) 2　　　(67) 1　　　(68) 3　　　(69) 3　　　(70) 3

〔解説〕

    (66)　a 正　b 誤　c 誤　硝酸は、10 ％以下で劇物指定から除外される。

    (67)　a 正　b 正　c 正　解答のとおり。

    (68)　a 誤　b 正　c 正　取扱上の注意事項として、

    (1)可燃物、有機物との接触を避ける。

    (2)高濃度の場合、水と急激に接触すると発熱し飛散する恐れがある。

    (3)直接中和剤を散布することで発熱し、飛散することがある。

    (4)それ自体が NO_2 を含有し、可燃物や有機化合物と接触すると NO2 を発生する恐れがある。

    (69)　a 誤　b 正　c 正　硝酸は吸湿性があり、濃度が濃いものでは空気中の水分と接触することで白霧を生じる。また金、白金以外の金属と反応しやすい。

    (70)　硝酸は酸であるため塩基性物質で中和してから希釈して廃棄する。

問 15　(71) 1　　　(72) 2　　　(73) 4　　　(74) 4　　　(75) 4

〔解説〕

    (71)　解答のとおり。

    (72)　ジクワットは除草剤として用いられる劇物である。

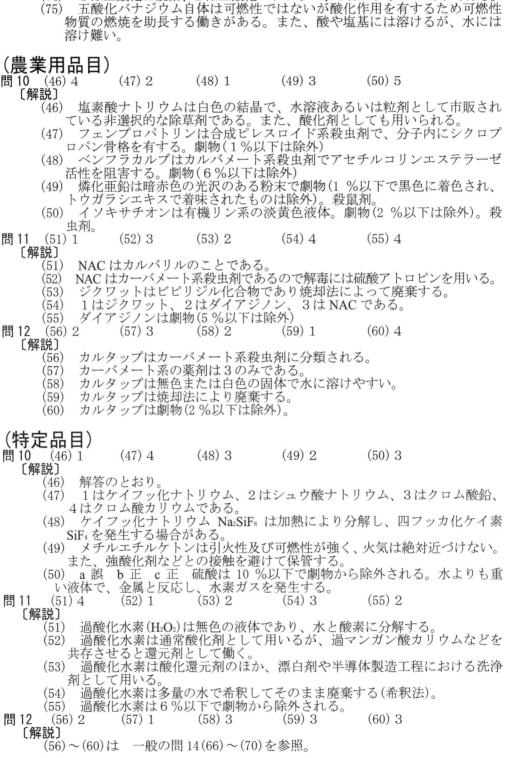

(73) ダイアジノンは有機燐系の劇物であるため、中毒時には PAM または硫酸アトロピン製剤を用いる。
(74) 1は五酸化二砒素、2は五酸化バナジウム、3はアクリルアミドである。
(75) 五酸化バナジウム自体は可燃性ではないが酸化作用を有するため可燃性物質の燃焼を助長する働きがある。また、酸や塩基には溶けるが、水には溶け難い。

(農業用品目)

問10 (46) 4 　　　(47) 2 　　　(48) 1 　　　(49) 3 　　　(50) 5
〔解説〕
(46) 塩素酸ナトリウムは白色の結晶で、水溶液あるいは粒剤として市販されている非選択的な除草剤である。また、酸化剤としても用いられる。
(47) フェンプロパトリンは合成ピレスロイド系殺虫剤で、分子内にシクロプロパン骨格を有する。劇物(1％以下は除外)
(48) ベンフラカルブはカルバメート系殺虫剤でアセチルコリンエステラーゼ活性を阻害する。劇物(6％以下は除外)
(49) 燐化亜鉛は暗赤色の光沢のある粉末で劇物(1％以下で黒色に着色され、トウガラシエキスで着味されたものは除外)。殺鼠剤。
(50) イソキサチオンは有機リン系の淡黄色液体。劇物(2％以下は除外)。殺虫剤。

問11 (51) 1 　　　(52) 3 　　　(53) 2 　　　(54) 4 　　　(55) 4
〔解説〕
(51) NAC はカルバリルのことである。
(52) NAC はカーバメート系殺虫剤であるので解毒には硫酸アトロピンを用いる。
(53) ジクワットはビピリジル化合物であり焼却法によって廃棄する。
(54) 1はジクワット、2はダイアジノン、3は NAC である。
(55) ダイアジノンは劇物(5％以下は除外)

問12 (56) 2 　　　(57) 3 　　　(58) 2 　　　(59) 1 　　　(60) 4
〔解説〕
(56) カルタップはカーバメート系殺虫剤に分類される。
(57) カーバメート系の薬剤は3のみである。
(58) カルタップは無色または白色の固体で水に溶けやすい。
(59) カルタップは焼却法により廃棄する。
(60) カルタップは劇物(2％以下は除外)。

(特定品目)

問10 (46) 1 　　　(47) 4 　　　(48) 3 　　　(49) 2 　　　(50) 3
〔解説〕
(46) 解答のとおり。
(47) 1はケイフッ化ナトリウム、2はシュウ酸ナトリウム、3はクロム酸鉛、4はクロム酸カリウムである。
(48) ケイフッ化ナトリウム Na_2SiF_6 は加熱により分解し、四フッカ化ケイ素 SiF_4 を発生する場合がある。
(49) メチルエチルケトンは引火性及び可燃性が強く、火気は絶対近づけない。また、強酸化剤などとの接触を避けて保管する。
(50) a 誤　b 正　c 正　硫酸は 10％以下で劇物から除外される。水よりも重い液体で、金属と反応し、水素ガスを発生する。

問11 (51) 4 　　　(52) 1 　　　(53) 2 　　　(54) 3 　　　(55) 2
〔解説〕
(51) 過酸化水素(H_2O_2)は無色の液体であり、水と酸素に分解する。
(52) 過酸化水素は通常酸化剤として用いるが、過マンガン酸カリウムなどを共存させると還元剤として働く。
(53) 過酸化水素は酸化還元剤のほか、漂白剤や半導体製造工程における洗浄剤として用いる。
(54) 過酸化水素は多量の水で希釈してそのまま廃棄する(希釈法)。
(55) 過酸化水素は6％以下で劇物から除外される。

問12 (56) 2 　　　(57) 1 　　　(58) 3 　　　(59) 3 　　　(60) 3
〔解説〕
(56)～(60)は　一般の問 14(66)～(70)を参照。

東京都
平成 28 年度実施

〔実　地〕

(一般)

問 11　(51) 2　　　(52) 2　　　(53) 4　　　(54) 1　　　(55) 4
〔解説〕
　　(51)オルトケイ酸テトラメチル：$Si(OCH_3)_4$ は、無色の液体で高純度シリカ原料、セラミック原料などとして用いられる。
　　(52)過酸化ナトリウム：Na_2O_2 は、白色～黄色の吸湿性の粉末で、酸化漂白剤として用いられる。
　　(53)三塩化アンチモン：$SbCl_3$ は、白色～淡黄色の固体で、潮解性が強く湿気を吸収してバター状になる。
　　(54)アニリン：$C_6H_5NH_2$ は、純粋なものは特異臭を有する無色油状液体であるが、空気や光の作用で黄色から～赤褐色になる。
　　(55)塩化ホスホリル：$POCl_3$ は、刺激臭を有する無色の液体で、水により加水分解して塩酸とリン酸を生成する。

問 12　(56) 2　　　(57) 4　　　(58) 4　　　(59) 4　　　(60) 3
〔解説〕
　　(56)ヘキサメチレンジイソシアナート：$OCN\text{-}(CH_2)_6\text{-}NCO$ は、無色の液体で、塗料やコーティング加工用樹脂の原料として用いられる。
　　(57)エチレンオキシド：△ は、快香のある無色の気体で、医療用機器や精密機械などの殺菌・滅　菌などに用いられる。
　　(58)ニコチンは、純粋なものは無色の油状液体であるが、空気や光により分解し褐色に変化する。
　　(59)三塩化硼素：BCl_3 は、無色の気体で、干し草のような、刺すような臭いをもち、空気中の水分と反応して塩化水素ガスを発生する。
　　(60)酸化カドミウム：CdO は、赤褐色の粉末で、ポリ塩化ビニル安定剤原料などとして用いられる。

問 13　(61) 1　　　(62) 3　　　(63) 3　　　(64) 4　　　(65) 3
〔解説〕
　　(61)A：塩化第一銅 $CuCl$，B：カリウム K，C：重クロム酸アンモニウム $(NH_4)_2Cr_2O_7$，D：フッ化水素酸(HF の水溶液)
　　(62)物質 A は、塩化第一銅：$CuCl$ である。
　　(63)物質 B は、カリウム：K(アルカリ金属の一つ)であり、空気中で酸化され易く水と激しく反応し、水素ガスを発生して発火する為、石油や鉱油中に保存する。
　　(64)物質 C は、重クロム酸アンモニウム：$(NH_4)_2Cr_2O_7$ であり、重クロム酸塩類は酸化剤なので、硫酸第一鉄などの還元剤の水溶液を過剰に用いて還元した後、処理する(還元沈殿法)。
　　(65)弗化水素酸(HF の水溶液)は、毒物である。

問 14　(66) 1　　　(67) 1　　　(68) 1　　　(69) 2　　　(70) 4
〔解説〕
　　(66)メタノールは、可燃性を有する無色透明な揮発性液体で、水と混和する。別名：メチルアルコール，木精，
　　(67)メタノールは、眼，皮膚，気道などを刺激する。
　　(68)メタノールは、揮発性，可燃性液体なので、火気や酸化剤との接触を避け、密栓した容器で冷暗所に保管する。
　　(69)メタノール：CH_3OH は、水よりも軽い(比重 0.7915)。C，H，O から成る化合物なので、分解してホスゲン：$COCl_2$ を生成することはない。
　　(70)メタノールは、C，H，O から成る化合物なので、燃焼により生成するのは CO_2 と H_2O であるから、燃焼法により処理する。

問 15　(71) 3　　　(72) 2　　　(73) 1　　　(74) 2　　　(75) 4
〔解説〕
　　(71)A：クロルピクリン CCl_3NO_2，B：メチダチオン(DMTP)，C：ニトロベンゼン $C_6H_5NO_2$，D：黄燐 P_4
　　(72)物質 A はクロルピクリン：CCl_3NO_2 であり、主に土壌燻蒸剤として用いら

(73)物質 B は、メチダチオン：DMTP(有機リン系殺虫剤)である。2：ジクワット(ビピリジニウム系除草剤)，3：クロルピクリン，4：ジメトエート(有機リン系殺虫剤)

(74)物質 C は、ニトロベンゼンであり、燃焼法により処理する。

(75)黄燐：P4 は、白色又は淡黄色のロウ状固体で、空気中で自然発火する。水には殆ど溶けないが、ベンゼンや二硫化炭素には溶解する。自然発火性物質なので、水中に保存する。

(農業用品目)
問 10　(46) 2　　　(47) 5　　　(48) 4　　　(49) 3　　　(50) 1
〔解説〕
(46)有機リン系殺虫剤であることから、その名前に「ホスホ」という文字が入る。

(47)カーバメート系殺虫剤であることから、その名前に「カルバモイル、あるいは「カルバメート」という文字が入る。

(48)ピレスロイド系殺虫剤の特徴は分子内にシクロプロパン環を有しているものであり、一般的に語尾が「～トリン」で終わるものが多い。毒劇物では「ビフェントリン」「テフルトリン」が該当する。

(49)ダイアファシノンは殺鼠剤として使用されている。

(50)ネオニコチノイド系のピリジルメチルアミン類(アセタミプリド、イミドクロプリド、チアクロプリド)は薬剤の語尾が「～プリド」で終わる。

問 11　(51) 2　　　(52) 1　　　(53) 1　　　(54) 3　　　(55) 4
〔解説〕
(51)有機リン系農薬は殺虫剤に用いられ、MPP(フェンチオン)は物質 A に該当する。クロルピクリンは代表的な土壌燻蒸剤であり、劇物に該当する。塩素酸ナトリウムは潮解性のある無色の固体で、酸化作用を有するため、廃棄には還元法が適している。リン化亜鉛は暗赤色の光沢のある粉末で、水には溶解しないが希酸には有毒なホスフィン(PH_3)を出す。

(52)有機リン系の中毒時には PAM または硫酸アトロピンを用いる。

(53)クロルピクリン(CCl_3NO_2)は有機化合物ではないので、燃焼しにくいため 2 の処理は向かず、分解法、すなわち 1 の記述のとおりの処理を行い廃棄する。

(54)物質 C は過塩素酸ナトリウムであるから $NaClO_3$ となる。

(55)リン化亜鉛や硫酸タリウムなどの無機殺鼠剤は黒色に着色され、トウガラシエキスで着味したものは普通物として扱うことができる。但しリン化亜鉛は 1%以下、硫酸タリウムは 0.3%以下に限る。

問 12　(56) 2　　　(57) 1　　　(58) 2　　　(59) 4　　　(60) 4
〔解説〕
(56)有機リン系やカーバメート系の用途は殺虫作用である。ダイアジノンは化合物の名称中に「ホスフェート」とあるため、有機リン系と判断できる。

(57)この中で有機リン化合物は 1 と 2 であるが、ダイアジノンは 1 の化合物とる。(化学では数字の 2 のことをジ、またはダイと呼び、窒素のことをアゾという。従ってダイアジノンのダイアゾは窒素 2 つという意味となる)。

(58)ダイアジノンは無色の液体で特異臭を持つ液体。アルコールやエーテルなどには混和するが水にはほとんど溶けない。

(59)ダイアジノンは有機物なので燃焼法により除却する。

(60)ダイアジノンは劇物であるが 5%以下(またはマイクロカプセル製剤にあっては、25%以下)を含有するものは普通物となる。

(特定品目)
問 10　(46) 2　　　(47) 1　　　(48) 4　　　(49) 3　　　(50) 1
〔解説〕
(46)A：蓚酸(二水和物)(COOH)$_2$・$2H_2O$，B：クロロホルム $CHCl_3$，C：一酸化鉛 PbO，D：ホルムアルデヒド HCHO

(47)物質 A は、蓚酸(二水和物)：(COOH)$_2$・$2H_2O$ であり、風解性を有する為、乾燥空気中で風化する。風解とは、結晶水を含む結晶が、その水分子を失って粉末状になる現象である。

(48)物質 B は、クロロホルム：$CHCl_3$ であり、分解によりホスゲン：$COCl_2$ を生成することがある。

(49)物質 C は、一酸化鉛：PbO

(50)物質 D は、ホルムアルデヒド:HCHO であり、低温ではパラホルムアルデ

ヒドとなって析出するので常温で保存する。

問11　(51) 3　　　　(52) 3　　　　(53) 3　　　　(54) 3　　　　(55) 2
〔解説〕
(51)アンモニア：NH_3 は、特有の刺激臭を有する空気よりも軽い無色の気体である。
(52)アンモニアは、水，アルコール，エーテルなどに可溶で、冷却又は圧縮により液化し、また、空気中では燃焼しないが、酸素中では黄色の炎をあげて燃える。
(53)a　正：白い霧は、HCl と NH_3 から塩化アンモニウム：NH_4Cl が生成する為（$NH_3 + HCl \rightarrow NH_4Cl$），b　正：局所刺激性を有する，c　正：アルミニウム，銅，亜鉛，錫などを腐食する。d　誤：塩基性物質である。
(54)アンモニアは塩基性物質なので、水で希釈し酸(希塩酸，希硫酸など)で中和した後、多量の水で希釈して処理する。
(55)アンモニア水：10%以下は劇物除外である。

問12　(56) 1　　　　(57) 1　　　　(58) 1　　　　(59) 2　　　　(60) 4
〔解説〕
(56)メタノールは、可燃性を有する無色透明な揮発性液体で、水と混和する。
　　別名：メチルアルコール，木精，
(57)メタノールは、眼，皮膚，気道などを刺激する。
(58)メタノールは、揮発性，可燃性液体なので、火気や酸化剤との接触を避け、密栓した容器で冷暗所に保管する。
(59)メタノール：CH_3OH は、水よりも軽い(比重 0.7915)。C，H，O から成る化合物なので、分解してホスゲン：$COCl_2$ を生成することはない。
(60)メタノールは、C，H，O から成る化合物なので、燃焼により生成するのは CO_2 と H_2O であるから、燃焼法により処理する。

東京都
平成 29 年度実施

〔実　地〕

（一般）

問 11 (51) 4　　　(52) 1　　　(53) 3　　　(54) 2　　　(55) 3
〔解説〕
- (51)　二酸化鉛（酸化鉛(IV)）：PbO_2 は、茶褐色の粉末で、鉛蓄電池などの電極材料に用いられる。
- (52)　アクリル酸：$CH_2 = CHCOOH$ は、無色透明の液体で、酢酸に似た特有の刺激臭を有する。水、アルコール、エーテルなどと混和する。
- (53)　塩化水素：HCl は、無色の刺激臭を有する気体で、湿った空気中で激しく発煙する。水、アルコール、エーテルに可溶。塩化水素の水溶液が塩酸である。
- (54)　シアン化第一金カリウム（シアン化金(I)カリウム，ジシアノ金(I)酸カリウム）：$K[Au(CN)_2]$ は、無色又は白色の粉末状結晶で、金メッキを行う時に用いられる。無機シアン化合物として毒物に指定されている。
- (55)　クロルメチル（クロロメタン，塩化メチル）：CH_3Cl は、無色のエーテル様の臭いと甘みを有する気体で、水にわずかに溶け、圧縮すると液体になる。

問 12 (56) 3　　　(57) 2　　　(58) 2　　　(59) 2　　　(60) 4
〔解説〕
- (56)　一水素二弗化アンモニウム：$NH_4F \cdot HF(F_2H_5N)$ は、白色の結晶性粉末で、ガラスや金属は腐食するので、保存にはポリエチレン、ポリプロピレンの容器を用いる。
- (57)　一酸化鉛（酸化鉛(II)）：PbO は、黄色〜赤色までの種々のものがある重い粉末で、水にはほとんど溶けないが、両性酸化物であり、酸・アルカリに可溶である。密陀僧（みつだそう）・リサージとも呼ばれる。
- (58)　セレン化水素（セラン）：H_2Se は、ニンニクの様な臭気をもつ無色の気体で、半導体にセレンをドープするドーピングガスとして用いられる。
- (59)　アクリルニトリル（アクリロニトリル）：は、特有の刺激臭をもつ無色の液体で、合成樹脂などの原料となる重要な有機化合物の一つである。ニトリルの一種。
- (60)　メチルメルカプタン（メタンチオール）：CH_3SH は、腐ったキャベツの様な悪臭を有する無色の気体で、無臭のガスにごく微量添加してガス漏れを検知しやすくする付臭剤として用いられる。

問 13 (61) 4　　　(62) 1　　　(63) 4　　　(64) 2　　　(65) 1
〔解説〕
- (61)　A：2-メルカプトエタノール $HSCH_2CH_2OH$，B：重クロム酸カリウム $K_2Cr_2O_7$，C：モノゲルマン GeH_4，D：炭酸バリウム：$BaCO_3$
- (62)　$HSCH_2CH_2OH$：2-メルカプトエタノール，$H_2NCH_2CH_2OH$：2-アミノエタノール（エタノールアミン），$ClCH_2CH_2OH$：2-クロロエタノール，GeH_4：モノゲルマン：（ゲルマン，水素化ゲルマニウム）
- (63)　物質 B の重クロム酸カリウム：$K_2Cr_2O_7$ は、橙赤色の結晶で、強力な酸化剤であるため、還元性物質や可燃性物質，有機物などと離し、容器を密閉して冷乾所に保存する。

(64) 物質 C のモノゲルマンは、酸化沈殿法(多量の次亜塩素酸ナトリウムと水酸化ナトリウムの混合水溶液中にガスを徐々に吹き込んで吸収させて酸化分解した後、多量の水で希釈する)により処理する。

(65) 2-メルカプトエタノール(毒物)、重クロム酸カリウム(劇物)、モノゲルマン(劇物)、炭酸バリウム(劇物)

問14 (66) 2　　　(67) 1　　　(68) 2　　　(69) 2　　　(70) 1
〔解説〕
(66) メチルエチルケトン(2-ブタノン):$C_2H_5COCH_3$ は、アセトン臭を有する無色の液体で、水に可溶であり、アルコールやエーテルにもよく溶ける。劇物に指定されている。

(67) 全て正しい

(68) 強酸化剤と混触すると激しく反応して発火、爆発することがあるので、接触させない。また、引火性が高く、極めて燃焼しやすいので、火気を近づけない。

(69) 揮発性、引火性が高く、極めて燃焼しやすい。また、蒸気は空気より重く、ガラスを腐食することはない。

(70) メチルエチルケトンは、C,H,O から成る化合物なので、燃焼により生成するのは CO_2 と H_2O であるから、廃棄方法としては燃焼法(ケイソウ土等に吸収させて開放型の焼却炉で焼却する)が適当である。

問15 (71) 4　　　(72) 3　　　(73) 1　　　(74) 1　　　(75) 4
〔解説〕
(71) A:ダイファシノン, B:水酸化カリウム KOH, C:カルボスルファン, D:ヒドラジン NH_2NH_2 (N_2H_4)

(72) 物質 A のダイファシノン(2-ジフェニルアセチル-1,3-インダンジオン)は、殺鼠剤で毒物に指定されている。

(73) 物質 B の水酸化カリウムの水溶液は強アルカリ性であるため、水を加えて希薄な水溶液とし、酸(希塩酸,希硫酸など)で中和して処理する(中和法)。

(74) 物質 B のカルボスルファンの構造式は 1 である。構造式 2 は、ダイファシノン(2-ジフェニルアセチル-1,3-インダンジオン)、構造式 3 は、カルタップ塩酸塩(1,3-ジカルバモイルチオ-2-(N,N-ジメチルアミノ)-プロパン塩酸塩)、構造式 4 は、パラコート(1,1'-ジメチル-4,4'-ビピリジニウムジクロリド)である。

(75) 物質 D のヒドラジンは、アンモニア臭を有する強い還元性をもつ無色の液体で、水,アルコールに可溶である。

(農業用品目)
問10 (46) 3　　　(47) 2　　　(48) 5　　　(49) 1　　　(50) 4
〔解説〕
(46) カーバメート系殺虫剤は分子内に N-C=O の構造を有し、名称に～カルバモイルという単語が入っている。

(47) ピレスロイド系殺虫剤は分子内にシクロプロパン構造を有している。

(48) トリシクラゾールは稲に用いる殺虫剤である。

(49) 有機リン系殺虫剤は分子内にリンを含み、リンを表すホスホが化合物中の名称に存在する。

(50) チオシクラムはネライストキシン系殺虫剤に分類される。

問 11 (51) 2 　　　(52) 3 　　　(53) 2 　　　(54) 2 　　　(55) 4
〔解説〕
(51)　A：EPN, B：パラコート, C：チアクロプリド, D：ベンフラカルブ
(52)　有機リン系殺虫剤の解毒には PAM あるいは硫酸アトロピンを用いる。
(53)　パラコートはおが屑など吸着したのち、焼却して廃棄する。
(54)　チオクロプリドの化学名からクロロ(Cl)の存在が確認できる。
(55)　ベンフラカルブはカーバメート系の劇物であり 6%以下で劇物から除外される。

問 12 (56) 3 　　　(57) 3 　　　(58) 2 　　　(59) 4 　　　(60) 4
〔解説〕
(56)　カーバメート系であるので殺虫剤が主とした用途である。
(57)　化学式名のフェニルから、ベンゼン環を有する化合物である。
(58)　カーバメート系は有機リン系と同じようにコリンエステラーゼ活性を阻害するが、有機リン系の解毒薬である PAM は効果的でないため、硫酸アトロピンを用いる。
(59)　塩基による加水分解反応を起こすことで無毒化し廃棄する。
(60)　劇物に指定され、2%以下で劇物から除外される。

（特定品目）
問 10 (46) 2 　　　(47) 3 　　　(48) 2 　　　(49) 3 　　　(50) 2
〔解説〕
(46)　A：水酸化カリウム, B：クロム酸鉛, C：酢酸エチル, D：塩化水素
(47)　水酸化カリウムは 5%以下で劇物から除外される。また別名を苛性カリという。
(48)　リサージは酸化鉛である。クロム酸鉛は黄鉛あるいはクロム黄と呼ばれる。
(49)　1はメチルエチルケトン，2はメタノール，4は塩化水素である。
(50)　塩化水素は不燃性のガスで空気の平均分子量 29 よりも重い分子量 36.5である。

問 11 (51) 4 　　　(52) 1 　　　(53) 2 　　　(54) 3 　　　(55) 2
〔解説〕
(51)　硫酸は不燃性の液体で、化学式は H_2SO_4 である。水と接触すると発熱する。
(52)　無水亜硫酸は二酸化硫黄の俗称である。
(53)　硫酸は 10%以下の含有で劇物から除外される。
(54)　硫酸は酸性の液体であるため延期により中和したのち希釈して廃棄する。
(55)　強酸あるいは強塩基を誤って飲み込んだ場合は、吐かせず、水または牛乳を飲ませ医師に診察を受ける。

問 12 (56) 2 　　　(57) 1 　　　(58) 2 　　　(59) 2 　　　(60) 1
〔解説〕
(56)　メチルエチルケトンはアセトンに似たにおいがあり、水によく溶け、劇物に指定されている。
(57)　すべて正しい。
(58)　メチルエチルケトンは水と混和するが、激しく反応はしない。また酸化剤により過酸化物であるメチルエチルケトンパーオキサイドを生じる。
(59)　メチルエチルケトンは揮発性でその分子量は 74 であり、空気の平均分子量よりも大きいため空気よりも重い気体である。
(60)　引火性の高い液体であるので珪藻土やおが屑に吸着させて、焼却処分する。

東京都
平成 30 年度実施

〔実　地〕

（一般）

問 11　(51) 2　　　(52) 4　　　(53) 2　　　(54) 1　　　(55) 3
〔解説〕
 (51)ナトリウム Na は、銀白色の柔らかい固体。水と激しく反応し、水酸化ナトリウムと水素を発生する。液体アンモニアに溶けて濃青色となる。
 (52)塩素 Cl_2 は、常温においては窒息性臭気をもつ黄緑色気体. 冷却すると黄色溶液を経て黄白色固体となる。融点はマイナス 100.98 ℃、沸点はマイナス 34 ℃である。用途は酸化剤、紙パルプの漂白剤、殺菌剤、消毒薬。
 (53)エチレンオキシド $(CH_2)_2O$ は、劇物。快臭のある無色のガス、水、アルコール、エーテルに可溶。可燃性ガス、反応性に富む。用途は有機合成原料、界面活性剤、殺菌剤。
 (54)酸化カドミウム CdO は、:劇物。暗褐色の粉末または結晶。水にほとんど溶けない。用途は安定剤原料、電気メッキ有機化学の触媒。
 (55)臭素 Br_2 は、劇物。赤褐色の刺激臭液体。水には可溶。アルコール、エーテル、クロロホルム等に溶ける。燃焼性はないが、強い腐食性がある。写真用、化学薬品、アニリン染料の製造などに使用。

問 12　(56) 2　　　(57) 2　　　(58) 4　　　(59) 4　　　(60) 1
〔解説〕
 (56)ニトロベンゼン $C_6H_5NO_2$ は無色又は微黄色の吸湿性の液体で、強い苦扁桃様の香気をもち、光線を屈折する。毒性は蒸気の吸引などによりメトヘモグロビン血症を引き起こす。用途はアニリンの合成原料である。
 (57)ジクワットは、劇物で、ジピリジル誘導体で淡黄色結晶、水に溶ける。中性又は酸性で安定、アルカリ溶液でうすめる場合には、2～3時間以上貯蔵できない。腐食性を有する。土壌等に強く吸着されて不活性化する性質がある。用途は、除草剤。
 (58)臭化銀(AgBr)は、劇物。淡黄色無臭の粉末。光により暗色化する。用途は写真感光材料。
 (59)シアナミド CHl_2N_2 は劇物。無色又は白色の結晶。潮解性。水によく溶ける。エーテル、アセトン、ベンゼンに可溶。沸点は 260 ℃で分解。用途は合成ゴム、燻蒸剤、殺虫剤、除草剤、医薬品の中間体等に用いられる。
 (60)アニリン $C_6H_5NH_2$ は、新たに蒸留したものは無色透明油状液体、光、空気に触れて赤褐色を呈する。特有な臭気。水に溶けにくい。アルコール、ベンゼン、エーテルに可溶。用途はタール中間物の製造原料、医薬品、染料の原料、試薬、写真等。

問 13　(61) 1　　　(62) 1　　　(63) 2　　　(64) 4　　　(65) 3
〔解説〕
 (61)この設問のAからDの物質とは、A はエピクロルヒドリン、Bは沃素、Cは水素化砒素、Dは塩基性炭酸銅。
 (62)A のエピクロルヒドリンの化学式は、C_3H_5ClO。
 (63)Bの沃素 I_2 は、劇物。黒灰色、金属様光沢のある稜板状結晶。水には難溶で、アルコールにはよく溶け、赤褐色の溶液となる。熱すると紫色の蒸気を発生するが、常温でも、多少不快な臭気をもつ蒸気を放って揮散する。
 (64)塩基性炭酸銅(別名マラカイト)$CuCO_3 \cdot Cu(OH)_2$ は、劇物。緑青色の粉末または暗緑色結晶。水、アルコールに殆ど溶けないが、希酸やアンモニア水には溶ける。廃棄法は、多量の場合には還元焙焼法により金属銅として回収する焙焼法、又はセメントを用いて固化し、埋立処分する固化分離法。用途はペイントやニスの顔料、銅塩の製造原料。
 (65)この設問は毒物及び劇物取締法第2条のことで、Cは水素化砒素は毒物。A はエピクロルヒドリン、Bは沃素、Dは塩基性炭酸銅は劇物。

問 14　(66) 4　　　(67) 1　　　(68) 1　　　(69) 3　　　(70) 3
〔解説〕
 (66)トルエンは無色の液体で、ベンゼン臭がある。水に溶けず、アルコール、エーテル、ベンゼンに溶解する。可燃性があり劇物に指定されている。
 (67)トルエンの中毒症状：蒸気吸入により頭痛、食欲不振、大量で大赤血球性

貧血。はじめ興奮期があり、その後深い麻酔状態に陥る。
(68) トルエンにはガラスを腐食する性質はない。
(69) a の記述はホルムアルデヒドの性質である。
(70) トルエンは可燃性であるので燃焼法により除去する。
問 15 (71) 3　　　(72) 2　　　(73) 4　　　(74) 4　　　(75) 4
〔解説〕
(71) A は塩素酸ナトリウム NaClO₃ は、劇物。B はギ酸(HCOOH) は劇物。C は
　　クロルピクリン CCl₃NO₂ は、劇物。D は EPN、有機リン製剤、毒物(1.5
　　%以下は除外で劇物)。
(72) ほかに酸化剤、抜染剤としての用途がある。
(73) ギ酸 90 %以下の含有で劇物から除外される。
(74) 4 はクロルピクリン CCl₃NO₂ は、劇物。1 はクロロ酢酸クロライド、2 は
　　ピクリン酸アンモニウム、3 はギ酸である。
(75) 有機燐系であるので硫酸アトロピンまたは PAM を用いる。

(農業用品目)
問 10 (46) 4　　　(47) 3　　　(48) 5　　　(49) 1　　　(50) 2
〔解説〕
　　解答の通り。
問 11 (51) 1　　　(52) 1　　　(53) 2　　　(54) 4　　　(55) 3
〔解説〕
(51) A はオキサミルは、毒物。B はクロルピクリン CCl₃NO₂ は、劇物。C はテ
　　フルトリンは毒物(0.5 %以下を含有する製剤は劇物。D はクロルメコート
　　は、劇物。
(52) オキサミルはカーバメート系であるので硫酸アトロピンが有効である。
(53) クロルピクリンは分解法により廃棄する。
(54) テフルトリンはピレスロイド系の殺虫剤で、構造式中にピレスロイド系の
　　特徴であるシクロプロパン環を有する。
(55) D はクロルメコートは、劇物、、白色結晶で魚臭、非常に吸湿性の結晶。
問 12 (56) 4　　　(57) 3　　　(58) 3　　　(59) 2　　　(60) 3
〔解説〕
(56) ジクワットは、劇物で、ジピリジル誘導体で淡黄色結晶、水に溶ける。用
　　途は、除草剤。
(57) ビピリジリウム系の農薬である。
(58) 淡黄色結晶で水に溶解する。
(59) 燃焼法により廃棄する。
(60) ジクワットは、劇物。

(特定品目)
問 10 (46) 1　　　(47) 4　　　(48) 2　　　(49) 4　　　(50) 1
〔解説〕
(46) A は硅弗化ナトリウムは劇物。B はメタノール(メチルアルコール)CH₃OH
　　は、劇物。C は重クロム酸カリウム K₂Cr₂O₇ は、劇物。D はキシレン
　　C₆H₄(CH₃)₂ は劇物。
(47) 構造中にケイ素 Si とフッ素 F が入っている。
(48) メタノールの別名は木精、カルビノールである。
(49) 重クロム酸カリウムは酸化剤として用いられる。
(50) D のキシレンについては解答のとおり。
問 11 (51) 2　　　(52) 4　　　(53) 1　　　(54) 2　　　(55) 3
〔解説〕
(51) 解答のとおりり。
(52) 過酸化水素は無色の液体で酸化作用があるが、還元剤として働く場合もあ
　　る。
(53) 過酸化水素 H₂O₂ の水溶液は、蒸気いずれも刺激性が強い。35 %以上の溶
　　液は皮膚に水泡を作りやすい。眼には腐食作用を及ぼす。蒸気は低濃度で
　　も刺激性が強い。
(54) 希釈法により廃棄する。
(55) 過酸化水素は 6 %以下の含有で劇物から除外される。

問12　(56) 4　　　(57) 1　　　(58) 1　　　(59) 3　　　(60) 3
〔解説〕
　　(56)ベンゼン臭のある無色の液体で、アルコール、エーテル、ベンゼンに溶解
　　　　する。
　　(57)トルエン　$C_6H_5CH_3$ は、劇物。特有な臭い(ベンゼン様)の無色液体。水に不
　　　　溶。比重 1 以下。可燃性。引火性。劇物。用途は爆薬原料、香料、サッカ
　　　　リンなどの原料、揮発性有機溶媒。中毒症状は、蒸気吸入により頭痛、食
　　　　欲不振、大量で大赤血球性貧血。
　　(58)トルエンはガラスを侵す性質を持っていない。
　　(59)トルエン　$C_6H_5CH_3$(別名トルオール、メチルベンゼン)は劇物。特有な臭い
　　　　の無色液体。水に不溶。比重 1 以下。可燃性。蒸気は空気より重い。揮発
　　　　性有機溶媒。麻酔作用が強い。
　　(60)トルエンは可燃性の溶液であるから、これを珪藻土などに付着して、焼却
　　　　する燃焼法。

東京都
令和元年度実施

〔実　地〕

(一般)

問 11 　(51) 1 　　　(52) 4 　　　(53) 3 　　　(54) 1 　　　(55) 3
〔解説〕
　　(51)ジメチルアミン $(CH_3)_2NH$ はアンモニア臭のある無色の気体である。
　　(52)ピロリン酸第二銅 $Cu_2P_2O_7$ は青色の粉末で、電気銅メッキに用いられる。
　　(53)一酸化鉛 PbO は黄色から赤色の重い固体で、密陀僧、リサージといった別名がある。　　　(54)セレン化水素 H_2Se は無色のニンニク臭のある気体である。
　　(55)モノクロル酢酸 $CH_2ClCOOH$ は無色の潮解性のある結晶である。

問 12 　(56) 3 　　　(57) 1 　　　(58) 4 　　　(59) 1 　　　(60) 2
〔解説〕
　　(56)メチルメルカプタン CH_3SH は腐ったキャベツ様の臭気を発する気体である。　　(57)アクリルアミド $CH_2=CH-CONH_2$ は無色の結晶で、水、アルコール、エーテルに可溶である。紫外線で容易に重合する。　　(58)無水クロム酸 CrO_3 は赤色の針状結晶で水によく溶ける。潮解性があり、強い酸化作用を持つ。　　(59)五酸化バナジウム V_2O_5 は黄赤〜赤褐色の粉末で、水に溶けにくい。触媒や顔料に用いられる。　　(60)カルボスルファランはカーバメイト系殺虫剤で、褐色粘稠液体である。

問 13 　(61) 2 　　　(62) 2 　　　(63) 4 　　　(64) 3 　　　(65) 1
〔解説〕
　　(61)解答のとおり。　　(62)1 はブロムメチル、3 は酸塩化ホウ素、4 はブロムエチル(ブロモエタン)　　(63)多量の水で希釈して廃棄する。　　(64)ブロムエチルはアルキル化（エチル化）に用いる。　　(65)毒物は、法第 2 条第 1 項→法別表第一に掲げられている。劇物は、法第 2 条第 2 項→法別表第二に掲げられている。

問 14 　(66) 2 　　　(67) 1 　　　(68) 1 　　　(69) 4 　　　(70) 3
〔解説〕
　　(66)クロロホルム $CHCl_3$ は無色揮発性の液体で水にわずかに溶け、水よりも重い。劇物。　　(67)すべて正しい。　　(68)クロロホルムにはガラスを侵す性質はない。　　(69)空気中で日光により分解し、塩素、塩化水素、ホスゲン、四塩化炭素を生じる。　　(70)解答のとおり。

問 15 　(71) 2 　　　(72) 4 　　　(73) 1 　　　(74) 1 　　　(75) 4
〔解説〕
　　(71)解答のとおり。　　(72)燐化亜鉛 Zn_3P_2 は暗赤色の光沢のある粉末で殺鼠剤に用いる。劇物。　　(73)硝酸銀 $AgNO_3$ を水に溶かし食塩を加えることで白色の $AgCl$ が沈殿する。　　(74)2 はメトミル、3 は燐化亜鉛、4 はクロルピクリンである。　　(75)毒物は、法第 2 条第 1 項→法別表第一に掲げられている。劇物は、法第 2 条第 2 項→法別表第二に掲げられている。

(農業用品目)

問 10 　(46) 2 　　　(47) 4 　　　(48) 1 　　　(49) 3 　　　(50) 5
〔解説〕
　　解答のとおり。

問 11 　(51) 1 　　　(52) 1 　　　(53) 1 　　　(54) 2 　　　(55) 4
〔解説〕
　　(51)DMTP は有機燐系殺虫剤であるので、硫酸アトロピンまたは 2-PAM で解毒する。　　(52)燐化亜鉛は燃焼法または酸化法により除却する。　　(53)解答のとおり。　　(54)法第 2 条第 2 項→法別表第二→指定令第 2 条に掲げられている。　　(55)1 は DMTP、2 は燐化亜鉛、3 はトリシクラゾール

問 12 　(56) 3 　　　(57) 1 　　　(58) 3 　　　(59) 3 　　　(60) 4
〔解説〕
　　(56)カルバリルはカーバメイト系農業用殺虫剤である。　　(57)無色無臭の結晶で、水に溶けず、有機溶剤に溶ける。アルカリに不安定である。　　(58)ナフタレン骨格をもつ。　　(59)燃焼法またはアルカリ法により廃棄する。
　　(60)法第 2 条第 2 項→法別表第二→指定令第 2 条に規定されている。

（特定品目）

問 10　(46) 3　　　(47) 1　　　(48) 1　　　(49) 3　　　(50) 1

　〔解説〕
　　(46)解答のとおり。　　(47)蓚酸は無色の柱状結晶で、水和物は風解性をもつ。還元性があり過マンガン酸カリウム溶液を退色する。　　(48)塩化水素 HCl は無色の刺激臭のある気体で、その水溶液は塩酸である。空気よりも重く、10%以下の含有で劇物から除外される。　　(49) 1 は蓚酸水和物、2 は二酸化鉛、4 はホルムアルデヒド　　(50)四塩化炭素に劇物指定の除外規定はない。

問 11　(51) 2　　(52) 3　　(53) 1　　(54) 2　　(55) 4

　〔解説〕
　　(51)水酸化カリウム KOH は白色の固体で潮解性がある。水溶液は強いアルカリ性を示す。　　(52)水酸化カリウムは 1 価の塩基である。　　(53)すべて正しい。　　(54)水酸化カリウムは 5 ％以下の含有で劇物から除外される。　　(55)水酸化カリウムは塩基性であるので酸で中和し廃棄する。

問 12　(56) 2　　(57) 1　　(58) 1　　(59) 4　　(60) 3

　〔解説〕
　　(56)クロロホルム CHCl₃ は無色揮発性の液体で水にわずかに溶け、水よりも重い。劇物。　　(57)すべて正しい。　　(58)クロロホルムにはガラスを侵す性質はない。　　(59)空気中で日光により分解し、塩素、塩化水素、ホスゲン、四塩化炭素を生じる。　　(60)解答のとおり。

毒物劇物試験問題集〔東京都版〕過去問
令和2 (2020)年度版

ISBN978-4-89647-272-1　C3043　￥1800E

令和2 (2020)年4月3日発行　　　　　　　　　　　　定価 1,800円＋税

編　集　　毒物劇物安全性研究会

発　行　　薬務公報社

〒166-0003　東京都杉並区高円寺南2-7-1拓都ビル
電話　03(3315)3821
ＦＡＸ　03(5377)7275

薬務公報社の毒劇物図書

毒物及び劇物取締法令集

法律、政令、省令、告示、通知を収録。毎年度に年度版として刊行

監修　毒物劇物安全対策研究会　定価二、五〇〇円＋税

毒物及び劇物取締法解説

本書は、昭和五十三年に発行して平成三十一年で四十二年。実務書、参考書として親しまれています。

収録の内容は、1．毒物及び劇物取締法の法律解説をベースに、2．特定毒物・毒物・劇物品目解説〔主な毒物として、54品目、劇物は148品目を一品目につき一ページを使用して見やすく収録〕、3．基礎化学概説、4．例題と解説〔法律・基礎化学解説〕をわかりやすく解説して収録。

編集　毒物劇物安全性研究会　定価三、五〇〇円＋税

毒物及び劇物取締法試験問題集　全国版

本書は、昭和三十九年六月に発行して以来、毎年年度版で全国で行われた道府県別に毒物劇物取扱者試験問題、解答・解説を収録して発行。

編集　毒物劇物安全性研究会　定価三、六〇〇円＋税

毒物劇物取締法事項別例規集　第十二版

法律を項目別に分類し、例規（疑義照会）を逐条別に収録。毒劇物の各品目について一覧表形式（化学名、市販名、構造式、性状、用途、毒性）等を収録。さらに巻末には、通知の年別索引・毒劇物の品目についても項目別索引・五十音索引を収録。

監修　毒物劇物関係法令研究会　定価六、〇〇〇円＋税